发现科学百科全书

宇宙

Discovery Science Encyclopedia

Space

美国世界图书公司 编

孙正凡 译

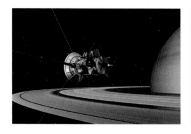
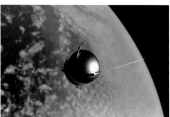

上海辞书出版社

上海市版权局著作权合同登记章：图字 09-2018-348

Space

目　录

阿雷西博天文台

Arecibo Observatory

阿雷西博天文台拥有世界上最强大的射电望远镜之一。射电望远镜收集并测量天体发出的射电波。阿雷西博天文台位于波多黎各首都圣胡安以西80千米,于1963年投入运行。

阿雷西博的射电望远镜建在一个碗状山谷中,有一个大的碟形反射镜。它跨度305米,由38778片铝板组成。阿雷西博望远镜的尺寸让天文学家能观察到其他望远镜无法探测到的天体。例如,天文学家用这个天文台发现了太阳系外行星,还有水星两极的冰。

天文学家可以通过连续调整望远镜的各个镜面,重新定位来跟踪某个天体长达数小时。它还被用作巨型雷达系统,用于了解行星、彗星和小行星的表面,以及地球大气层里的带电区域。

延伸阅读: 500米口径球面射电望远镜;天文台;望远镜。

波多黎各的阿雷西博天文台的望远镜建在一个碗状的山谷中。望远镜使用了一个跨度为305米的碟形反射镜。

阿利斯塔克

Aristarchus

萨摩斯的阿利斯塔克是古希腊的一位天文学家。他生活在约公元前310年到约前230年。他是第一个猜想到地球围绕太阳运转的人。萨摩斯是一座希腊岛屿,位于爱琴海上。

没有人知道阿利斯塔克是如何提出了他关于地球运动的理论。他的幸存著作《关于太阳和月亮的大小和距离》中没有提到他的理论,但他的想法被阿基米德引用。阿基米德是古代著名数学家。

延伸阅读: 天文学;轨道;太阳。

阿姆斯特朗

Armstrong, Neil Alden

尼尔·奥尔登·阿姆斯特朗 (1930—2012) 是一位美国宇航员。他是第一个踏上月球的人。

1930年8月5日，阿姆斯特朗出生于俄亥俄州奥格莱兹县，那里有他祖父母的农场。1949年到1952年，他是一名海军飞行员。后来，他开始试飞新飞行器并于1962年成为宇航员。

在1966年的一次太空飞行之后，阿姆斯特朗作为任务指令长参加了阿波罗11号任务。1969年7月20日，阿姆斯特朗和埃德温·"巴兹"·奥尔德林 (Edwin "Buzz" Aldrin, Jr.) 乘坐"鹰"号登月舱在月球表面登陆。当阿姆斯特朗踏上月球时，他说："这对于个人来说是一小步，对人类来说是一个巨大的飞跃。"

阿姆斯特朗于1969年获得总统自由勋章。1971年到1979年，阿姆斯特朗是辛辛那提大学的工程学教授。1986年，他在调查挑战者号航天飞机事故的委员会任职。阿姆斯特朗于2012年8月25日去世。

延伸阅读： 宇航员；挑战者号事故；月球。

阿姆斯特朗

阿耶波多

Aryabhatta

阿耶波多 (476—550) 是印度科学家、数学家和诗人。他大概出生在印度中部南古吉拉特邦-北马哈拉施特拉邦地区附近，在印度比哈尔邦的库苏马普拉 (今为巴特那) 求学。印度于1975年发射了第一颗地球轨道卫星，就取名为"阿耶波多"。

阿耶波多认为大地是一个球体。他还提出地球绕轴自转，而且绕太阳公转。地轴是一条假想中穿过地球中心的线，两端点在北极和南极。

此外，阿耶波多提出了为什么会发生日月食的理论。他还计算出圆周率 π 的值为 3.1416。π 是圆的周长与其直径的比值。

延伸阅读： 掩食；轨道。

埃拉托色尼

Eratosthenes

埃拉托色尼 (约前276—前194) 是古希腊数学家。在离开居住地北非之前，他找到了一种测量地球周长的方法。他的计算方法是基于几何学进行的。

和同时代其他古希腊科学家一样，埃拉托色尼知道地球是圆的。他观察到，在某一天中午，某个城镇里的柱子不会投下阴影。但在另一个城镇，同样的柱子就会投下阴影。埃拉托色尼测量了这个阴影的角度，用它来计算两个城镇之间从地球中心算起的角度。

然后，埃拉托色尼测量了两城镇之间的距离。最后，他将该距离乘以360°与所测量角度的商，得到整个圆的长度，这个结果就是整个地球的周长。埃拉托色尼得到的距离并不完全正确，但是对他那个时代来说，结果已经令人惊讶地接近了实际值。他得到的地球周长的测量值在45000～47000千米之间，地球周长的实际值为40008千米。

延伸阅读： 行星；太阳。

矮行星

Dwarf planet

矮行星是比行星小，比彗星或流星体大的一类天体。矮行星绕太阳轨道公转，它们不是另一个天体的卫星。矮行星的质量较大，以至于其自身引力将其形成近似球形的天体；但是矮行星的质量还不够大，其引力不足以清除其轨道区域的其他天体。

天文学家所知的矮行星，除了一颗之外，其余都在柯伊伯带。柯伊伯带在距离太阳最远的海王星之外，是太阳系外围天体分布区域。谷神星是最大的小行星，也是一颗矮行星。它在火星和木星轨道之间的小行星带的区域内围绕太阳运行。

人们在柯伊伯带上发现的第一颗矮行星是冥王星。当冥王星在1930年被发现时，被称为第九大行星。不过，从20世纪90年代开始，天文学家们在柯伊伯带上发现了更多天体。其中后来被命名为阋神星的天体大小与冥王星差不多。许多人认为这个新天体应该被称为第十大行星。但科学家很快发现了

这张艺术想象作品中显示了矮行星阋神星和阋卫。远处最亮的恒星是太阳。

更多与阋神星和冥王星同等大小的天体。在太阳系中增加了这么多新行星——在柯伊伯带上可能还有更多——让天文学家开始考虑用一种新的方法来对这些天体进行归类。

负责太空物体分类的团体是国际天文学联合会。2006年，国际天文学联合会将冥王星、阋神星和谷神星归入了一个名为矮行星的新类别。国际天文学联合会已经认定了5颗矮行星，其他两个天体是妊神星和鸟神星。

柯伊伯带上的矮行星从地球上看起来很小而且暗淡，即使使用目前最好的望远镜，天文学家也难以测量潜在矮行星的确切大小和形状。因此，很难判断一个天体是否足够大到可称为矮行星。

延伸阅读： 谷神星；阋神星；妊神星；柯伊伯带；鸟神星；行星；冥王星。

艾伦望远镜阵列

Allen Telescope Array

艾伦望远镜阵列是搜寻地外智慧生命迹象的一台望远镜。这台望远镜收集并测量来自附近恒星系的射电波。它位于美国加利福尼亚州喀斯喀特山脉的帽子溪。艾伦望远镜阵列是SETI研究所和伯克利加利福尼亚大学合作的一个项目。SETI的意思是"搜寻地外智慧生命"。

艾伦望远镜阵列由很多个小型射电天线组成，它们称为碟形天线。科学家决定将这些碟形天线建成一个阵列，因为这样比建造一个很大的碟形天线要便宜。此外，该阵列可用于将来自所有天线的信号组合起来绘制天空详图。每个小碟形天线直径约6米。艾伦望远镜阵列从2007年10月开始运行，含有42架天线。

SETI研究所的研究人员使用望远镜搜索智慧生命发射出来的信号。射电波是我们在地球上进行通信的最重要媒介之一。如果宇宙的其他地方存在智慧生物，它们可能也借助射电信号进行交流。科学家也利用这台望远镜研究太空中的星系、气体云和其他天体发出的天然射电波。

延伸阅读： 地外智慧生命；SETI研究所；望远镜。

艾伦望远镜阵列的碟形天线收集并测量来自太空的射电波，这些电波可能是地球以外存在智慧生命的迹象。

暗物质

Dark matter

暗物质是一种看不见的物质，它构成了宇宙中物质的绝大部分。暗物质是看不见的，因为它不会发出、反射或吸收光线。

天文学家不能直接看到暗物质。因而，他们检测暗物质发出的引力。对众多星系和辐射的研究表明引力可以作为暗物质存在的证据。研究表明，宇宙质量中不可见部分比其可见部分的质量要大上许多倍。所有物质都具有引力。一个物体或一片区域中的物质量可以通过测量它的引力来确定。物体或区域周围的引力越大，那里的物质就越多。

天文学家也不确定暗物质是由什么构成的。有些人认为它可能由尘埃、死亡恒星、低温气体和黑洞组成。黑洞是具有极强引力的太空区域。其他人认为它是由天文学家尚未发现和识别的一些粒子组成的。

瑞士科学家弗里茨·茨维基（Fritz Zwicky）在1933年首次提出了存在暗物质的观点。茨维基当时正在研究一群星系，它称为后发星系团。那些星系彼此绕转的运动速度太快了，不可能仅通过可见物质的引力拉在一起。茨维基认为，必定存在来自不可见物质的引力才能把这个星团聚集在一起。后来其他科学家获得了关于暗物质存在的更多证据。

延伸阅读：黑洞；星系；引力；宇宙。

在由来自哈勃太空望远镜和钱德拉X射线天文台的信息合成的这幅图像中，两个暗物质团块（蓝色）分布在两个正在碰撞的星系的热气体（粉红色）周围。当星系相撞时，它们中的普通物质减速，但暗物质却不会。在这个过程中，两种类型的物质分开了。

奥尔特云

Oort cloud

奥尔特云是由彗星、更小的天体，甚至还有可能是太阳系最外区域的行星组成的区域。奥尔特云的形状像一个略扁平的空心球。这团云的近日部分可能距离太阳大约8000亿千米，最远的部分距太阳可能高达30万亿千米。

奥尔特云是长周期彗星的来源，长周期彗星绕太阳公转一周需要200年或更长时间。奥尔特云可能拥有多达1千亿颗彗星。当彗星受到大的引力干扰，例如经过恒星时，它们可能会离开奥尔特云并进入太阳系内部。云中的许多天体可能是在其他恒星周围形成的，但被太阳的引力拉走了。

2004年，一队美国科学家宣布发现一颗天体，后来证实其直径约为冥王星的五分之二，它到太阳的距离几乎是冥王星的3倍。

这颗名为赛德娜的天体离太阳大约130亿千米。这个距离比科学家认为奥尔特云开始形成时的距离要近得多。一些科学家得出结论，赛德娜属于奥尔特云，且奥尔特云的内侧边界比此前预想的更接近太阳。

奥尔特云以荷兰天文学家让·H.奥尔特的姓氏命名。1950年，他预测这一云团可能存在。

延伸阅读： 彗星；行星；太阳系。

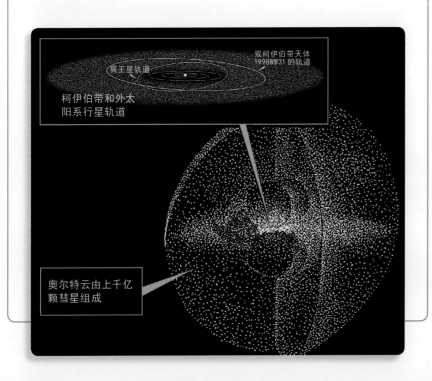

许多科学家认为，太阳系诸行星和海王星以外的柯伊伯带（图上方）被一群巨大的冰冷天体包围，称为奥尔特云。

奥林匹斯山

Olympus Mons

奥林匹斯山是火星上的一座火山，也是太阳系中最大的火山。奥林匹斯山 (Olympus Mons) 比周围平原要高出约25千米。它几乎是珠穆朗玛峰高度的3倍，而珠穆朗玛峰是地球上的最高峰。

火星上的火山是由熔岩喷发形成的，这些熔岩在形成固体之前可以流很长一段距离。

奥林匹斯山的直径超过600千米。它大到可以装下从考艾岛到夏威夷的整个夏威夷群岛链。

延伸阅读：火星；火山。

庞大的奥林匹斯火山是太阳系中最大的火山。它大约和亚利桑那州一样大。

奥乔亚

Ochoa, Ellen

艾伦·奥乔亚 (1958—　) 是美国的一位宇航员。她是第一位进入太空旅行的西班牙裔美国女性。她的第一次太空飞行发生在1993年4月。奥乔亚和其他宇航员搭乘了发现号航天飞机。他们在太空中用9天时间研究太阳及其对地球气候和环境的影响。后来，奥乔亚又进行了其他几次太空飞行。2013年，她成为休斯顿约翰逊航天中心的主任。

奥乔亚出生于洛杉矶。她于1980年获圣地亚哥州立大学物理学学士学位。1981年，奥乔亚获斯坦福大学电子工程硕士学位，1985年获斯坦福大学电气工程博士学位。奥乔亚于1990年加入宇航员项目。

延伸阅读：宇航员；太空探索。

奥乔亚

巴纳德

Barnard, Edward Emerson

　　爱德华·爱默生·巴纳德 (1857—1923) 是一位美国天文学家。天文学家们研究构成宇宙的恒星、行星和其他天体，还有各种作用力。巴纳德是一位天文目标观测家，以其观测技能而闻名。他在1892年发现了木星的第五颗卫星木卫五阿玛尔塞 (Amalthea)。他还拍摄了银河系和彗星的照片。

　　巴纳德最出名的成果是他于1916年发现了以他的姓氏命名的巴纳德星。这颗星是除太阳之外离地球第四近的恒星。巴纳德星距离我们大约6光年远。1光年是一年内光在真空中行进的距离，大约为9.46万亿千米。

　　1895年，巴纳德到威斯康星州叶凯士天文台工作。他在那里的观测让他得出结论，银河系中的许多无星区域其实是星云 (尘埃颗粒和气体构成的云团)。

　　巴纳德出生在田纳西州的纳什维尔。

　　延伸阅读：天文学；银河；星云；恒星；叶凯士天文台。

巴纳德

白矮星

White dwarf

　　白矮星是燃料耗尽的恒星。恒星在生命的大部分时间里都燃烧着氢元素，这一过程称为“核聚变”。核聚变以光和热的形式释放能量，这就是恒星发光的原因。

　　最终，恒星耗尽了氢。然后它可能会膨胀，成为一颗巨大的恒星，称为“红巨星”。红巨星甩掉了它的外层物质。恒星剩余的内核收缩成为白矮星。

　　白矮星继续冷却和收缩，直到它不再发光。最后它变成黑矮星，结束生命。

　　在某些情况下，白矮星可能有另一颗伴星。这两颗恒星相互绕转，称为“双星”。有时白矮星会从另一颗恒星上吸走物质，这些物质落在白矮星的表面。如果足够多的物质被拉到白矮星上，这颗恒星将发生剧烈的爆炸，称为超新星。

延伸阅读： 双星；红巨星；恒星；超新星。

白羊座

Aries

星座是夜空中特定方位的一组星星。白羊座是一个星座，也被称为"绵羊"。白羊座在北半球最容易被看到，最佳观测时间为10月至11月。白羊座是古希腊天文学家、数学家托勒玫确定的48个星座之一。如今，它也是国际天文学联合会（IAU）确认的88个星座之一。白羊宫也是黄道十二宫之一。

白羊座经常被画成一个简单的星座，只包括四颗主星。这些星星排列成一条线，一端略弯。

白羊座的故事来自希腊神话。白羊座象征一只长着金羊毛的带翅公羊。它被天神宙斯派到人间，以拯救某个王国的公主和王子。一位祭司告诉国王，他要牺牲自己的孩子用于献祭，但是公羊把孩子们背着飞起来，逃离了危险。公主在半路上掉进了大海，但王子活了下来。后来，王子将公羊献给天神宙斯，将其羊毛挂在一片树丛中。希腊英雄伊阿宋后来夺取了金羊毛，并把它带回了希腊。

延伸阅读： 占星术；星座；托勒玫；恒星；黄道带。

白羊座在希腊神话中，代表被天神宙斯派来拯救某个王国的王子和公主的一只公羊。它可以用不同的星星以多种方式描绘。

半人马座α

Alpha Centauri

半人马座α是半人马座中的一个星系。半人马座α包括两颗类似太阳的恒星，名为半人马座αA和半人马座αB，它们形成双星系统。在地球上只有南半球才能看到半人马座α。半人马座αA比半人马座αB更亮。

还有一颗名为半人马座比邻星的恒星绕着半人马座αA和半人马座αB运行，大约每100万年绕行一圈。这样一来，半人马座α就是三星系统。半人马座比邻星是除太阳以外离地球最近的恒星，距地球约4.2光年。1光年等于一年内光在真空中行进的距离，大约9.46万亿千米。

延伸阅读： 太阳系外行星；半人马座比邻星；恒星。

XMM–牛顿卫星天文台于2003年和2005年拍摄的半人马座α的X射线图像，显示了半人马座αA恒星存在一种前所未有的神秘变暗现象。一些科学家认为，这颗恒星可能会周期性地变亮和变暗，就像太阳一样。在2005年的图像中，半人马座αB隐藏在半人马座αA的后面。

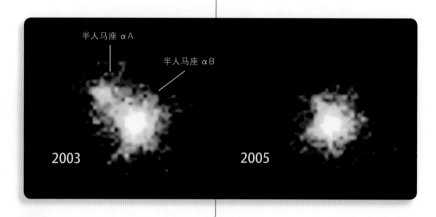

半人马座比邻星

Proxima Centauri

半人马座比邻星是除太阳之外最接近地球的恒星，它距离地球4.2光年。比邻星可以在半人马座中找到，它可能在轨道上围绕称为半人马座αA和半人马座αB的另外两颗恒星运行。

比邻星属于红矮星，这类恒星比太阳要小，它们是银河系中最常见的恒星类型。2016年，天文学家公布了在比邻星的宜居带内有一个与地球大小相当的行星在轨道上围绕比邻星运行的证据，宜居带是指在恒星周围的行星表面可能存在液态水的区域。

延伸阅读： 半人马座α；太阳系外行星；宜居带；光年；红矮星；恒星。

半人马座比邻星是一颗红矮星，是银河系中最常见的恒星类型。

邦达尔

Bondar, Roberta

罗伯塔·邦达尔（1945— ）是第一位进入太空的加拿大女性。她是一名医学博士。1992年1月，她和其他6名宇航员乘坐发现号航天飞机进行了为期8天的飞行。

在执行任务期间，邦达尔研究了太空飞行对人类的影响，以及重力如何影响并帮助塑造其他生物和某些材料。她还设计开发了太空飞行时在失重状态下进行研究的工具和方法。

邦达尔出生于安大略省苏圣玛丽。1977年，她在汉密尔顿的麦克马斯特大学获得医学学位。她的医学专业方向是神经病学，即关于神经系统及其疾病的研究。邦达尔于1983年至1992年期间担任宇航员。

在离开宇航员项目后，邦达尔致力于利用她的经验帮助人们了解科学，她曾于2003年至2009年担任安大略省彼得堡特伦特大学名誉校长。

延伸阅读： 航空航天医学；宇航员；太空探索。

邦达尔

宝瓶座

Aquarius

宝瓶座这个星座也被称为"倒水者"。据说宝瓶座代表手持水壶的一名男子。这个星座的图案可以用好几种方式来描绘。

宝瓶座位于南方天空，在双鱼座和摩羯座之间，最佳观测时间是9月至11月。

宝瓶座里有一个螺旋星云，它是距离地球最近的行星状星云之一。行星状星云是由恒星濒死之时抛出的尘埃和气体云组成的，这类恒星的大小与太阳相当。螺旋星云距离我们大约700光年。

宝瓶座是古希腊数学家托勒玫确定的48个星座之一，也是国际天文学联合会（IAU）确认的88个星座之一。宝瓶座也是占星术中使用的十二星座之一。

延伸阅读： 占星术；星座；星云；托勒玫；恒星。

"倒水者"宝瓶座是古人命名的最古老的天空图案之一。

暴胀理论

Inflation theory

暴胀理论描述的是宇宙最初几秒钟内发生的事件，是最广为认可的宇宙起源理论——大爆炸理论的重要补充。暴胀理论能帮助解释宇宙的发展和结构。从结构上看，宇宙中包含一群群星系，以及星系群体之间相对空旷的广大区域。暴胀理论预言宇宙中的物质应当如此分布，也预言了宇宙暴胀过程中产生的星系集群区域和空旷区域的平均数量。

根据这一理论，宇宙开始于138亿年前的一次大爆炸。在大爆炸之后，宇宙在几秒钟内急速扩张，在这短暂的时间内，从比针尖还小得多的一点膨胀到星系尺度。

美国物理学家阿兰·H.古斯于20世纪70年代晚期提出了暴胀理论。2002年，科学家宣布威尔金森微波各向异性探测器（WMAP）绘制出了早期宇宙残余微波辐射的详细图景。对相关图景的研究指出，早期宇宙中物质的成团方式与暴胀理论预测的一样。

延伸阅读： 大爆炸；宇宙微波背景辐射；星系；宇宙。

北斗和小北斗

Big and Little Dippers

北斗和小北斗是夜空中最著名的两个星群。它们的形状像勺子，一个较大，另一个较小。

北斗和小北斗都有七颗星。北斗七星是大熊座的一部分。小北斗几乎包括小熊座的所有星星。很久以前，人们认为这些星群看起来像长着长尾巴的两只熊。在一年中，大小北斗在天空中不停转动。对于它们各自的勺头来说，北斗七星的勺柄向下弯曲，小北斗的勺柄向上弯曲。

小北斗中的恒星包括天空中最著名的恒星之一——北极星。北极星是小北斗勺柄末端非常明亮的那颗星星。如果你朝着北极星走，你将永远面朝北方。

延伸阅读： 星座；北极星；恒星。

北斗和小北斗都有七颗星。北极星是小北斗勺柄末端非常明亮的那颗星星。

北极星

North Star

北极星是地球北极正上方的一颗明星。它有时被称为"极星"，只能从北半球看到。它在天空中的位置不会像其他恒星那样改变。当北极星可见时，天空中的所有其他星星看起来都在围绕它旋转。

许多年来，人们一直用北极星指示方向。它也被用来测量纬度。此外，许多文化中都有关于北极星的故事。

现在的北极星中文名为勾陈一，这是一个叫作"小北

"斗"的星群中最亮的一颗星。但北极星不会永远是这颗星。地轴慢慢地进动，天长日久，它将会指向另一颗不同的恒星。在大约12000年后，地轴的北方将指向位于天琴座内的织女星附近；在大约22000年后，天龙座的右枢星将成为北极星；从现在开始大约26000年后，勾陈一将再次成为北极星。

延伸阅读： 北斗和小北斗；星座；天琴座；恒星。

北极星

目前的北极星勾陈一

本星系群

Local Group

本星系群是由一小群星系组成的集团，我们的银河系就在其中。星系是大量恒星、气体和尘埃在引力作用下聚集而成的集合。太阳、地球以及太阳系中其他所有行星都位于银河系内。天文学家已经在本星系群内找到约50个星系。这些星系占据了直径大约1000万光年的近似球形的宇宙空间。一光年是光在真空中一年内行经的距离，约9.46万亿千米。

仙女座大星系和银河系是本星系群中最大的星系。它们包含的物质量比本星系群中其他所有星系加起来还要多。本星系群也包括许多小星系，或所谓的矮星系。许多这样的小星系环绕银河系或者仙女座大星系运行，就像月球绕地球运行一样。

目前，银河系和仙女座大星系正在引力作用下逐渐靠近，几十亿年后，它们就会发生碰撞，形成一个更大的星系。

用肉眼或者双筒望远镜就可以看到银河系以及本星系群里的其他四个星系，包括北半天的仙女座大星系和三角座星系，以及南半天的两个矮星系大小麦哲伦云。

延伸阅读： 仙女座大星系；星系；银河。

本星系群内的两个星系：NGC224（中部）和较小的NGC221（中心偏下）。本星系群的另外一个星系NGC205位于图中右上方。

波尔科

Porco, Carolyn

卡罗林·C.波尔科（1953— ）是天文学家。她曾参与过几次太空探测任务，包括旅行者1号和旅行者2号任务，这两架探测器拍摄了木星、土星、天王星和海王星。在20世纪90年代初，波尔科成为探测土星及其卫星成像的卡西尼号团队的领导者。波尔科的团队用卡西尼号的相机做出了很多发现。例如，他们在土卫二上找到了喷泉和冰。

波尔科出生于纽约市。她于1983年在加州理工学院获得了博士学位。波尔科曾在亚利桑那大学和科罗拉多大学任教，她还在科罗拉多州博尔德的太空科学研究所做过科学研究。

延伸阅读： 天文学；卡西尼号；旅行者号。

博尔登

Bolden, Charles Frank, Jr.

小查尔斯·法兰克·博尔登（1946— ）于2009至2017年间担任美国国家航空和航天局局长。博尔登由美国总统巴拉克·奥巴马（Barack Obama）任命，他成了第一位领导该机构的非洲裔美国人。

博尔登

1946年8月19日，博尔登出生于南卡罗来纳州哥伦比亚。他曾在安纳波利斯的美国海军学院学习。作为海军陆战队的一名战斗机飞行员，博尔登在1972—

1973年参加过越南战争（1957—1975）。他还曾在1991年的海湾战争中担任过指挥官。

1980年，博尔登加入美国国家航空和航天局成为一名宇航员。他参加了4次航天飞机飞行，并在2次飞行中担任任务指令长。1994年，在完成最后一次航天飞机飞行任务之后，他离开美国国家航空和航天局，回到海军陆战队，担任了海军学院海军陆战队副司令员。他于2003年从海军陆战队退役。

延伸阅读：宇航员；美国国家航空和航天局；太空探索。

不明飞行物

UFO

不明飞行物是没有人能解释的空中光线或物体。有些人相信UFO是来自其他行星的宇宙飞船。

许多书籍、报纸文章、电影和电视节目都讲述过人类与不明飞行物中的生物会面的故事。有些人甚至说他们被不明飞行物里的外星人绑架过。

几乎所有的不明飞行物都可以得到解释。人们以为是不明飞行物的许多物体原来是明亮的星星、飞机、导弹、卫星、鸟类、昆虫群或气象气球。科学家认为，无法解释的不明飞行物不能证明在其他行星上存在生命。

1952年，美国空军成立了蓝皮书计划。这个项目旨在调查大约12000份不明飞行物报告，以确定不明飞行物是否会对美国的安全构成威胁。1969年，科罗拉多大学的科学家们告知空军，在这个问题上进一步的研究不太可能产生有用的信息，随后这个项目被取消了。2011年11月，美国政府正式声明不知道是否有外星生命存在，也不知道来自其他星球的生命是否与人类有过接触。

延伸阅读：地外智慧生命；SETI研究所。

布卢福德

Bluford, Guion Stewart, Jr.

小盖恩·斯图尔特·布卢福德（1942— ）是第一位到太空旅行的非洲裔美国人。

1983年8月30日，布卢福德和其他四名宇航员在挑战者号航天飞机上开始了为期6天的飞行。在飞行期间，布卢福德为印度发射了一颗卫星。他还帮助测试了航天飞机的机械臂。宇航员们用机械臂将重物从机舱区域移动到太空，然后再次返回。

布卢福德于1942年11月22日出生于费城。1978年，他在美国空军理工学院获得航空航天工程博士学位。

布卢福德于1964年加入空军。1978年，他开始接受宇航员培训。布卢福德持续参加航天飞机飞行一直到1993年。在那一年，他辞去了宇航员的职务并从空军退役。后来，他在各种计算机、工程和航空航天公司担任过行政职务。

延伸阅读： 宇航员；太空探索。

布卢福德

超新星

Supernova

超新星是一颗正在爆炸的恒星，在从视野中消失前，其亮度可达太阳的数十亿倍。爆炸能将一大片尘埃和气体云抛向太空。

天文学家认识到超新星有两种基本类型。第一种类型可能发生在紧密地相互绕转的一对双星中，其中一颗恒星将物质从另一颗恒星吸走，直到第一颗恒星变得太大而爆炸。第二种超新星来源于比太阳大得多的恒星的死亡。当这样的一颗恒星燃烧殆尽时，它会释放能量，这种能量使恒星爆发成超新星。

延伸阅读： 双星；引力波；中子星；新星；恒星。

超新星可以留下一颗非常小而重的恒星，叫作中子星。较大的恒星可能会留下一个黑洞。几乎所有的超新星都会留下一团尘埃和气体，称为星云，就像左图的蟹状星云。

磁暴

Magnetic storm

磁暴是地球磁场的巨大改变。磁体周围能感受到磁力的场域，称为"磁场"。

由于地球是巨大的磁体，因此也有一个磁场。地球磁场向外太空延伸很远。地球磁场变化的原因来自太阳。

太阳持续不停地产生粒子流和能量流，称作太阳风。太阳风在太阳系中向外吹拂。极光的产生就源自太阳风。太阳风经常会变得更加强烈，而导致太阳风增强的两种现象是太阳耀斑和日冕物质抛射。耀斑是太阳上某区域突然增亮的现象，它释放出强烈的X射线、伽马射线，以及大量粒子。日冕物质抛射现象则是大量物质被抛入太空。两种现象都释放出海量的能量。这些能量可影响地球周围的磁场，甚至可以穿透磁场，直接袭击地球。

太阳释放粒子和能量的现象经常称作"太空天气"。大多数太空天气现象对地球没有什么影响，但有时日冕物质抛射或者耀斑可能使太空中的卫星瘫痪，如果能量足够强大，它们还可以干扰地球上的电力传输。1987年，磁暴使加拿大魁北克省的电力供应瘫痪。科学家认为，极强的日冕物质抛射或者耀斑直接袭击地球甚至可能使整个大陆上的电力供应瘫痪。

延伸阅读：日冕；日冕物质抛射；太阳风；太阳。

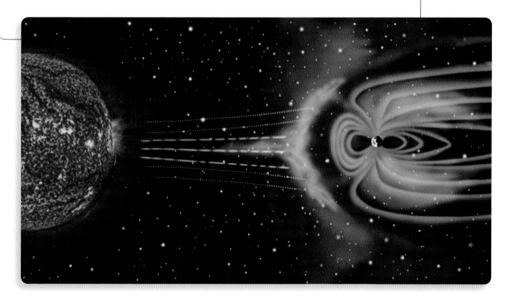

太阳释放的大多数物质都被地球的磁场引导到周围的空间。日冕物质抛射和耀斑这两种太阳爆发现象可以改变地球的磁场，形成磁暴。

磁暴

大爆炸

Big bang

大爆炸是标志着我们宇宙开始的事件的名称。在大爆炸的那一刻，宇宙只有针尖大小的几千万分之一，处于难以想象的炽热和致密状态。

在远远小于一秒的很短时间之后，宇宙开始迅速膨胀。你可以把宇宙想象成一个气球，假设把气球连接到气罐上并一直开着喷嘴，那么气球会迅速膨胀。大多数科学家认为宇宙是像气球一样膨胀变大的，他们认为它在不到一秒的很短时间内就变成了银河系的大小。伴随着膨胀，宇宙的温度逐渐变低，密度也变小了。

科学家无法观察到在大爆炸之前可能发生过的事件。一种理论认为，大爆炸之前不存在任何东西。另一种理论则认为存在不止一个宇宙，当两个宇宙接触时就发生了大爆炸。还有一种理论认为，在大爆炸之前存在过一个像现在这样的宇宙，只是最终，它收缩到一个比原子还要小的点上，然后爆炸形成当前的宇宙。

延伸阅读：宇宙学；星系；太空；恒星；宇宙。

大红斑

Great Red Spot

大红斑是木星外层也就是大气层中一个巨大的粉红色椭圆。它是一团巨大的旋转气体，比地球还要宽。它从北向南延伸约12000千米，从东到西的斑块宽度正在慢慢缩小，在2000年初测得大约17000千米。这个斑块在木星赤道以南随风移动。天文学家并

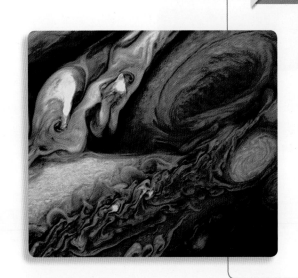

木星巨大的大红斑能装得下整个地球。在1979年的旅行者1号太空探测器拍摄的这张照片中，风暴被调暗，以更清晰地显示云层的运动。

不确切知道是什么原因造成这个斑块呈粉红色。

1664年，英国科学家罗伯特·胡克首次在木星的大气层中观测到一个大斑块。天文学家在1831年首次准确记录了大红斑的形态和位置。从那时起，该斑块一直保持在赤道以南的同一位置。

1979年两艘旅行者号航天器拍摄的照片显示，这一斑块是旋转的气体云，大约需要7天才能旋转一次。该斑块外缘的风速达到每小时685千米。

延伸阅读： 木星；旅行者号。

大双筒望远镜

Large Binocular Telescope

大双筒望远镜是亚利桑那州图森市东北约120千米处格雷厄姆山上的一座天文台。它的构造像是一座巨大的双筒望远镜，由两个并联在一起的相同望远镜组成。它们共同工作时构成了世界上最大的望远镜之一。意大利、德国和美国的科学家共同建造了这座天文台。

亚利桑那州格雷厄姆山上的大双筒望远镜是地球上最大的光学望远镜之一。两个望远镜可以组合使用，也可以分别使用。

大双筒望远镜的两个望远镜分别通过各自的主镜收集光线。每个大主镜的直径达8.4米。两个望远镜收集的光组合到一起形成一幅图像，这样可以比单个望远镜观测时获得更高的分辨率。组合后的光线被摄像机或其他仪器接收。

2008年，天文学家得到了用该望远镜的一对主镜拍摄的第一批图像。2012年，科学家们开始使用新仪器来组合两台望远镜的光线。新仪器大大提高了该望远镜的分辨率，使天文学家们可以研究遥远星系及较近恒星周围的行星等暗弱天体。

延伸阅读： 天文台；望远镜。

地外智慧生命

Extraterrestrial intelligence

地外智慧生命是生活在地球以外的某些地方、有思考和学习能力的生命。目前，人类还没有在地球之外任何地方发现任何生命，但是许多科学家认为，在其他恒星周围的行星上可能存在智慧生命。起源于地球以外的生物通常称为地外生命或简称为外星人。

科学家们认为，智慧生命可能存在于其他星球，因为宇宙包含数量如此众多的恒星和行星。我们自己的星系，即银河系拥有数千亿颗恒星，仅此一项就可能包含超过一万亿颗行星。此外，宇宙有超过1000亿个星系。科学家们预计，大多数行星都不具备支持我们所知生命形式所需的条件，比如液态水。

但是，即便只有极少比例的行星拥有合适的条件，银河系仍然可能包含多达数百万个拥有生命的星球。其中一些星球可能拥有智慧生命。

寻找外星智慧生命的一个项目就叫"搜寻地外智慧生命（Search for Extraterrestrial Intelligence）"，缩写是SETI。SETI的研究包括观察附近其他恒星，寻找外星人以光或无线电波形式发出的信号。1960年，美国天文学家弗兰克·德雷克进行了第一次SETI实验，他试图用射电望远镜探测来自两颗相对较近恒星的信号。20世纪90年代至21世纪初，科学家使用射电望远镜搜寻来自数百颗恒星的信号。加利福尼亚的艾伦望远镜阵列就是一组射电望远镜，旨在对大约100万颗恒星进行SETI研究。

20世纪90年代后期，天文学家也开始寻找可见光的短暂闪亮。科学家认为，外星人可能会用强大的激光产生闪光。太空中没有已知的自然天体能产生这种闪光。

科学家们没有证据表明外星智慧生命曾经拜访过地球。每年，有许多人报告看到不明飞行物（UFO）。有些人认为这些物体可能是来自其他星球的宇宙飞船，但研究不明飞行物报告的科学家发现，大多数目击事件都可以解释为普通事物。

延伸阅读： 艾伦望远镜阵列；太阳系外行星；SETI研究所；不明飞行物。

第谷·布拉赫

Brahe, Tycho

第谷·布拉赫 (1546—1601) 是丹麦的一位天文学家。

第谷认为定期观察行星和恒星很重要。当时望远镜尚未发明，第谷依靠他的眼睛和简单的仪器来确定天体的位置。虽然如此，他的观测结果也比先前的任何天文学家都要精确得多。

第谷对行星的观测显示，用于预报其运动的星表是不正确的。1572年，第谷观测到一颗超新星，这一次观测有助于证明月球轨道以外的天空也会发生变化。当时，很多人都还认为遥远的天空从未改变过。

像他那个时代的许多天文学家一样，第谷并不相信地球和其他行星在绕着太阳转动。他认为如果地球以这种方式运动，他应该会看到恒星位置的变化。他没有意识到，这些变化对于他的仪器来说太小了，根本无法观测到。但他的观测结果后来帮助了曾经是他助手的德国天文学家和数学家开普勒，开普勒确认了地球是围绕太阳运动的。

第谷出生在马尔默附近的克努特斯楚普 (当时是丹麦城市，现在属于瑞典)。

延伸阅读： 天文学；开普勒；轨道；行星；超新星。

第谷·布拉赫

第四维度

Fourth dimension

第四维度是在数学和物理学上考虑时间的一种方式。我们认为空间有三个维度，例如盒子具有长度、宽度和深度，这三个维度描述了盒子在空间中的位置。但是为了描述一些物体在太空中的运动，我们需要第四个维度：时间。

在20世纪初，出生于德国的美籍物理学家阿尔伯特·爱因斯坦发展出了一种思考空间和时间的新想法。他的想法被称为相对论。根据相对论，空间和时间是被称为"时空"的单一结构的一部分。德国数学家赫尔曼·闵科夫斯基 (Hermann Minkowski) 证明，爱因斯坦的思想描述了一个四维宇宙。

延伸阅读： 太空；时空；宇宙。

电磁波

Electromagnetic waves

电磁波是电能和磁能相关联的模式。它们由称为光子的粒子组成，有许多不同类型。不同电磁波按它们携带的能量区分。波的能量越多，两个波峰就越接近，即波长越短。波长就是一列波中两个波峰（或波谷）之间的距离。

电磁波谱包括所有波长的电磁波。电磁波谱的范围从具有最短波长的伽马射线到X射线、紫外辐射、可见光、红外辐射，到具有最长波长的射电波（即无线电波）。短波长的射电波通常也叫作微波。人眼只能看到可见光谱的那部分。

天文学家能使用望远镜"看到"各种不同类型的电磁波。利用从各类望远镜收集的信息，他们可以更好地了解太空中大量各类天体发出的不同类型的能量。

1864年，苏格兰科学家詹姆斯·克拉克·麦克斯韦（James Clerk Maxwell）预言了电磁波的存在。19世纪80年代末，德国物理学家海因里希·R.赫兹（Heinrich R.Hertz）提供了电磁波存在的证据。1905年，德国物理学家阿尔伯特·爱因斯坦提出，电磁波是由后来被称为光子的粒子组成的。1923年，美国物理学家亚瑟·康普顿（Arthur Compton）发现了光子的一些性质。

延伸阅读： 宇宙微波背景辐射；伽马射线；光。

电磁波谱包括整个电磁波范围里的各类波。在波谱的一端是具有最短波长的伽马射线，另一端是具有最长波长的射电波。

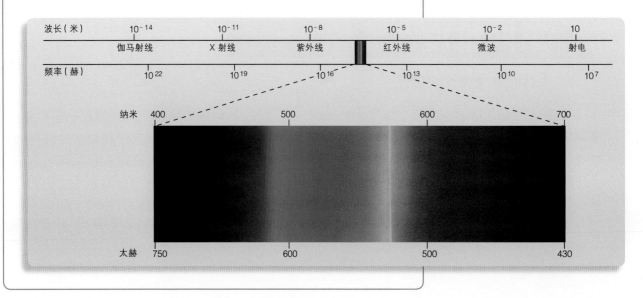

电离层

Ionosphere

电离层是地球大气中的一层。大气是包裹在地球周边的空气。电离层主要由带电粒子——离子组成。

电离层的下界约在离地面55~89千米处，上界位于约306千米的高空，跨越了中间层和热成层这两层大气。

电离层的高度取决于太阳发射到地球的辐射量。在夜间，电离层的一些离子失去电荷，导致电离层的最底层几乎消失，其他各层则升高。

电离层在无线电通信中具有重要作用，它能够将特定种类的无线电波反射回地面。无线电信号能利用电离层反射传播到数千千米之外。否则的话，无线电信号就会逃逸到宇宙空间。

延伸阅读： 极光；磁暴。

电离层中的带电粒子能够在夜空中形成名为极光的彩色光带。

二分点

Equinox

二分点是黄道与天赤道的两个交点：春分点和秋分点。太阳在这两个点上的那两天是一年中的两个特殊日子。其中一个（春分）发生在3月19日、20日或21日，另一个（秋分）发生在9月22日或23日。在这两天，地球上各处昼和夜的长度都是相同的。

由于地球围绕太阳运动的方式，昼和夜的长度全年都在变化。冬季，白天很短，夜晚很长；夏季，白天很长，夜晚很短。在冬夏之间，春季，昼和夜等长的那天是春分；秋季，昼和夜等长的那天是秋分。

延伸阅读： 昼夜；轨道；太阳。

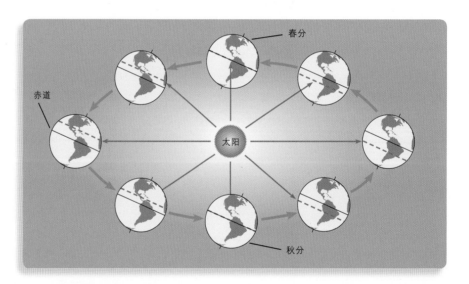

当太阳光线直接照射在赤道上时，就会出现昼夜平分。虚线表示太阳光在一年中的不同时间直射地面的位置。

F

范艾伦辐射带

Van Allen belts

　　范艾伦辐射带是在地表以上高处环绕地球的两个区域。它们也被简称为辐射带。内辐射带距离地面约1000～5000千米，外辐射带距地面15000～25000千米。

　　辐射带主要由能量很高的带正电荷的质子和带负电荷的电子组成。地球的磁场捕获这些粒子并将它们导向两极。磁场是受磁力影响的区域，它会受到太阳磁场的影响，导致辐射带轻微地移动和改变形状。

　　这些辐射带以美国科学家詹姆斯·A.范艾伦的姓氏命名，他于1958年发现了它们。

范艾伦辐射带是由束缚在地球磁场中的高能粒子构成的。

反质子带　　磁场线

范艾伦外辐射带

范艾伦内辐射带

飞马座

Pegasus

　　飞马座是以希腊神话中一匹带翅神马命名的一个星座。飞马座位于北方的天空，最佳观测时间是9月到11月。

　　通常人们绘制的飞马座包括大约13～15颗主星。四颗星组成的正方形标志着马的身体或翅膀。一个角上延伸出来的星星组成一条直线和一条弧线，它们可以用来代表马的两条前腿，从另一个角伸出的四颗星组成的曲线标志着马的头部和颈部。

1995年，科学家们在飞马座发现了第一颗已知绕着类似太阳的恒星运行的行星，这颗行星在绕恒星飞马座51运行。

飞马座是古希腊数学家托勒玫描述的48个星座之一。如今，它是国际天文学联合会确认的88个星座之一。

这个星座以古希腊故事中的带翅神马命名。它是美杜莎和波塞冬的后代，美杜莎是可怕的蛇发女妖，波塞冬是马神也是海神。英雄珀尔修斯砍下了美杜莎的头，杀死了她。飞马从她的头颈部，或颈部的血液中以成体的形式飞了出来。

飞马座代表希腊众神派来协助英雄
珀尔修斯的一匹带翅神马。

G

伽马射线

Gamma rays

　　伽马射线是一种能量形式，它们是一种电磁波。组成光线的粒子称为光子，伽马射线是这些光线中能量最高的。伽马射线非常强大，以至于可以穿过混凝土墙。只有一层厚的铅才能阻止伽马射线。你无法看到伽马射线，因为它们对人眼是不可见的。

　　科学家在太空中发现了伽马射线。它们通常来自脉冲星、超新星、星系和太阳等天体。有的伽马射线来自地球上的岩石或土壤中的放射性物质。放射性物质释放出光能和飞速运动的微小粒子。伽马射线也可以在雷击中产生。这种射线可以杀死活细胞，因此医生有时会用它来治疗癌症患者。

　　1900年，一位名叫保尔·维拉尔的法国科学家发现了伽马射线。

延伸阅读： 电磁波；伽马射线暴；脉冲星；超新星。

伽马射线暴

Gamma-ray burst

　　伽马射线暴是一系列非常强大的闪光。人们已经观测到伽马射线暴来自遥远的星系。伽马射线暴主要由X射线和伽马射线组成。伽马射线是一种光。没有两个伽马射线暴是相同的——每次爆发都会发出一系列独特的闪光。伽马射线携带着比任何其他形式的光更多的能量。

　　太空望远镜每天可以检测到大约一个伽马射线暴，但可能还有更多。这些爆发起源于天空的各个方向。天文学家已经发现了发生在宇宙第一批星系中源自伽马射线暴的

伽马射线暴是宇宙中能量最高的事件之一。

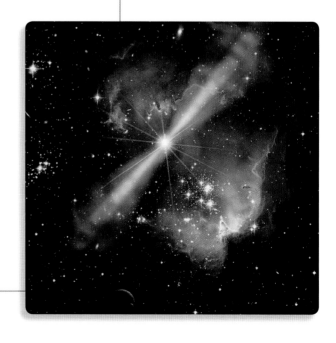

光，这种光在到达地球之前已经旅行了超过130亿年。

科学家认为，一些伽马射线暴是由爆炸的恒星产生的。当一颗质量至少为太阳质量8~11倍的恒星达到其生命的终点时，恒星会发生爆炸，这个事件叫超新星。科学家认为其中一些爆炸能量高到足以产生伽马射线暴。科学家还认为，还有一些伽马射线暴是当两颗爆炸恒星残骸发生碰撞时发生的。

美国军用卫星在20世纪60年代后期首次发现了伽马射线暴。这些卫星设计的目的是观察核武器试验期间释放的伽马射线。在该项目进行期间，伽马射线暴的发现对公众保密。1973年，美国科学家雷·克莱贝萨德勒、伊恩·斯特朗、罗伊·奥尔森报道了这一发现。

延伸阅读： 康普顿伽马射线天文台；星系；伽马射线。

哥白尼

Copernicus, Nicolaus

尼古拉斯·哥白尼（1473—1543）是一位波兰天文学家。哥白尼因解释了地球绕着太阳公转并且同时自转而著名。这些运动使太阳、其他行星和恒星看起来似乎在天空中运动。哥白尼改变了人们对宇宙以及人类在其中位置的看法。他被认为是现代天文学的奠基人。

在哥白尼时代，大多数天文学家认为地球是宇宙的中心，且地球在太空中是静止不动的。古希腊天文学家托勒玫在公元2世纪发展了这个观念，据托勒玫看来，其他天体都围绕地球运动。但是，他不能真正解释行星在天空中的某些不寻常的运动。托勒玫用一个复杂的圆周系统来解释这些运动，然而哥白尼意识到这种解释是不准确的。

托勒玫之前的一些天文学家曾提出，地球实际上在运动。在公元前3世纪，古希腊天文学家阿利斯塔克甚至提出，地球和其他行星围绕太阳运动。到了托勒玫时代，这些理论被排斥了，但哥白尼了解到了其中的一部分。

1543年，哥白尼在一本名为《天体运行论》的书里解释

哥白尼

了他的观点。这本书解释说，地球每年围绕太阳转一圈，同时地球也每天自转一圈。哥白尼在1543年5月24日去世，约两个月之后，这本书出版了。后来，科学家们证明了哥白尼关于地球运动的解释是正确的。

延伸阅读：阿利斯塔克；天文学；伽利略；轨道；行星；托勒玫；太阳系。

哥伦比亚号事故

Columbia disaster

哥伦比亚号事故是发生在2003年2月1日的一次航天飞机重大事故，这是第二次以死亡而告终的航天飞机事故。第一次是1986年挑战者号事故。

哥伦比亚号航天飞机在结束一次为期16天的任务返回地球时在得克萨斯州上空解体。7名机组人员全部遇难。成员包括以色列第一位宇航员伊兰·拉蒙、里克·D.赫斯本德、威廉·C.麦库尔、迈克尔·P.安德森、卡尔帕纳·乔拉、大卫·M.布朗，还有劳雷尔·布莱尔·索尔顿·克拉克。

这起事故导致了长期的调查。调查人员发现，航天飞机在起飞时机翼被一块泡沫击中。泡沫从航天飞机的外燃料箱上掉下来，在机翼撞出了一个小孔。在航天飞机返回地球时，孔洞变得更糟糕了。机翼失灵，导致航天飞机失控翻滚，最终解体。

主管官员们暂停了其他航天飞机的发射，直到2005年7月26日才恢复。他们开发了可以在未来减少类似事故的各种程序和工具，还有在太空中修复航天飞机的方法。

延伸阅读：挑战者号事故；太空探索。

哥伦比亚号事故中丧生的七名宇航员

格伦

Glenn, John Herschel, Jr.

小约翰·赫歇尔·格伦 (1921—2016) 是第一个进入绕地球运行轨道的美国人。1962年2月20日，他环绕地球转了三圈。这次旅行持续了不到五个小时。格伦的宇宙飞船名为友谊7号。

格伦出生于美国俄亥俄州堪布里奇市。他于1942年进入美国海军陆战队并在第二次世界大战和朝鲜战争中担任飞行员。他后来成为试飞员，即驾驶新飞机以帮助其完善的人。1959年，格伦被选中成为一名宇航员。他于1964年辞去了宇航员的职务。从1974年到1999年，格伦担任俄亥俄州的参议员。

格伦于1998年重返太空。在那一年，他乘坐的是发现号航天飞机。他成为最年长的太空旅行者。他于2016年12月8日去世。

延伸阅读： 宇航员；太空探索。

格伦

谷神星

Ceres

谷神星是小行星带里最大的小行星。小行星是比绕恒星运行的行星要小的岩石或金属天体。小行星带也叫小行星主带，是位于火星和木星轨道之间的有许多小行星的区域，那里可能存在几十万颗小行星。

谷神星占到了主带小行星总质量的四分之一以上。事实上，谷神星具有足够大的质量，从而也被认定是一颗矮行星。谷神星可能是在太阳系的早期历史中由许多较小个体相撞粘在一起形成的。但科学家们认为，木星的引力影响阻止了谷神星成长为一颗行星。

谷神星的外形酷似一个被稍微压扁的球体。它有一个相当光滑的岩石表面。它大约每4个地球年绕太阳运行一圈。

对小行星谷神星的研究将有助于天文学家进一步了解太阳系的历史（图片由黎明号探测器拍摄）。

谷神星到太阳的平均距离约为4.14亿千米。

谷神星以罗马神话里的农业女神命名。1801年，意大利天文学家朱塞普·皮亚齐 (Giuseppe Piazzi) 偶然发现了它，这是人类发现的第一颗小行星。

2007年，美国国家航空和航天局发射了黎明号探测器去研究谷神星和另一颗名为灶神星的小行星。黎明号在2011—2012年绕灶神星运行，于2015年到达谷神星。

延伸阅读： 小行星；黎明号；矮行星；小行星带。

光

Light

光是一种能量，具有多种形式。其所有的形式统称为电磁能。电磁能由名为光子的微小能量单元构成。这种能量以电磁波的形式在空间中自由传播。

人类只能看到电磁波中很小的一部分，这一部分称作可见光。我们能看到物体，是因为光波在物体上反射并进入我们的眼睛。在眼睛里，光带来化学和电荷变化并为我们的眼睛所感知。

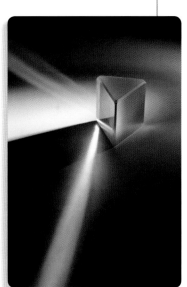

棱镜（上）可以将可见光（左上）分解为不同颜色组成的光谱。

宇宙中有许多可见光源。恒星产生了大量可见光。许多科学家相信，大多数星系的核心多少都能发出一些可见光。有些名为类星体的星系会发射出巨量的能量，其中部分是可见光。较大的恒星接近生命终点时将会爆发，形成超新星。超新星产生的光强可以是普通恒星的数百万倍。

大多数可见光来自原子中名为电子的微粒。电子带有负电荷。当电子接收到外界的能量，或者吸收外界的光能，又或者被其他微粒撞击时，便可能会发出光。

热能也能给电子提供能量。拥有这样"充能"电子的原子称作"受激"原子。通常情况下，原子只能在受激状态下停留很短时间，便会放出能量，解除受激状态。原子可以通过碰撞将能量传递给另外的原子，也可以释放可见光的光子或者其他电磁波的光子，光带走了额外的能量。大多数人工光源的能量来自电能。

光波像海洋里的波浪一样，有波峰和波谷。两个波峰或两个波谷之间的距离称作波长。在可见光之外，电磁波还包括无线电波（即射电波）、红外线、紫外线、X射线和伽马射线。大多数科学家认为微波是一种无线电波。

紫外线的波长太短，无法被人眼感受到。紫外线能将人的皮肤晒黑或灼伤。红外线的波长太长，也无法被人眼感受到。红外线能使人感受到热量，就像我们感受到阳光里的热量一样。从波长最长的无线电波到波长最短的伽马射线的所有波长电磁波的整体，称作电磁波谱。

波长越短，波的能量越大。无线电波的波长很长，其能量最小，对人体无害。伽马射线的波长最短，能量最大，即使是少量的，也会给人体带来危害。除了紫外线和红外线等，太阳光也是白光的组成部分。当白光通过棱镜时，便会发散为彩虹的颜色。肉眼可见的波长最短的光是紫色光，最长的是红光。当光线穿过物体时，可能会弯曲，改变方向，这一过程称作折射。

科学家能够测量出光的波长、强度和速度。光速在真空中总是保持不变，可达299792458米/秒。电磁辐射的波长可通过两种方法变长。这种波长变长的现象称作红移。肉眼可见的波长最长的光是红光，而最短的是紫光。可见光的波长变长，将使波长移向光谱的红色一端，而变短将移向紫色一端。

波长变长的第一种现象是多普勒红移，是由光

当白光通过棱镜时，便会被分解为可见光谱中各种颜色的光。棱镜对波长最短的紫光折射效果最大，对波长最长的红光折射效果最小。其他色彩都位于红光和紫光之间。光波的波长用纳米来衡量。一纳米是一米的十亿分之一。

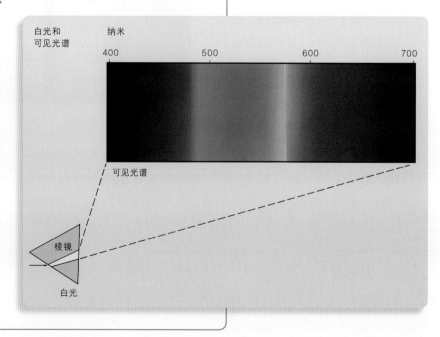

源相对于观察者的运动引起的。当光源远离观察者时，其释放的光波波长将变长。多普勒效应也可能反过来起作用，向观察者接近的光源发出的光波长将变短，即所谓蓝移现象。

第二种红移叫作宇宙学红移，由宇宙的膨胀引起。大多数科学家相信，宇宙起源于138亿年前的一次大爆炸，此后不断膨胀。随着宇宙的膨胀，大多数星系之间的距离都将增加。当光穿行在膨胀中的宇宙里时，其波长也逐渐增加。光波经过的距离越远，即穿越的宇宙空间越大，红移便越大。

延伸阅读： 极光；大爆炸；电磁波；伽马射线；光污染；光年；星等；红移。

光年

Light-year

一光年是光一年里在真空中经过的距离。真空是几乎不含物质的空间。天文学家使用光年这个长度单位来描述恒星、星系和宇宙中其他天体之间的遥远距离。

光速是299792458米/秒，因此，一光年大约等于9.46万亿千米。一架速度为800千米/时的喷气式飞机，要用上134万年才能飞行一光年的距离。

宇宙中的天体通常相距十分遥远，除太阳之外，离地球最近的恒星也有4.2光年之遥。距银河系最近的大星系——仙女座大星系，距离远达250万光年。

延伸阅读： 天文单位；仙女座大星系；光。

光污染

Light pollution

光污染是夜空中由人工光源制造的不必要的光。这样的光包括街道灯光和建筑物内外部的灯光。城市里许多建筑和街道的灯光并不仅仅照向地面，而是散向四面八方，当然也会向上照射到天空。这样的光在整个城市区域上空形成天空辉光，形成光污染，其通常比星光还要明亮。

光污染将星光遮蔽起来，正像太阳光在白天掩盖了星光一样。光污染干扰人们观察恒星，在光污染区域附近的天文台里，天文学家可能无法观测到天空。光污染也会对野生动物产生危害，可能改变动物的自然行为和运动。光污染还会影响到许多动物的行为，包括迁徙的候鸟、青蛙和海龟——这类动物可能被人工光源所吸引。此外，许多室外灯具浪费能源，照亮并不需要光亮的地方。

一些社区和组织致力于和光污染做斗争。社区可以限制灯具的类型和安装位置。比如，给街灯和其他的人工灯加上遮蔽罩，使它们只照亮地面。美国、加拿大、新西兰和英国的一些国家公园已被确定为"暗夜公园"或"暗夜保留地"。

延伸阅读： 天文学；光；恒星。

组约城内街市上的明亮灯光会掩盖住星光。

轨道

Orbit

卫星根据其功能被安置在不同的轨道上。

轨道是物体在绕另一个物体旋转时所经过的路线。轨道这个词最常用于天文学，天文学即研究恒星、行星和太空中其他天体的学科。所有天体都会拉动其周围的其他天体，这种拉力称为引力。物体质量越大，它对周围物体的拉力就越大。在天文学中，轨道上的天体围绕着一个更大的天体旋转。地球和其他行星围绕太阳运行，月球围绕地球运行。行星的轨道形成椭圆曲线。

科学家称较大的天体是被绕行的主天体，较小的天体是在轨道上的次级天体。航天器可以成为地球或另一个星球的次级天体。并非所有在轨道上相互绕转的天体在尺寸上都有很大差异，有些大小非常接近。在这种情况下，两个天体围绕它们之间的一点运行，这两个天体可以被视为是两个人手拉手绕对方旋转。

延伸阅读：椭圆；引力；行星；卫星；人造卫星。

鬼冢承次

Onizuka, Ellison Shoji

鬼冢承次（1946—1986）是第一位进入太空的亚裔美国人。他也是1986年挑战者号事故中遇难的7位美国宇航员之一。

在他1985年1月的第一次太空飞行中，鬼冢承次和发现号航天飞机上的宇航员同伴完成了为期三天的秘密任务。作为他第二次任务的一部分，鬼冢承次和其他宇航员乘坐挑战者号航天飞机，计划释放两颗卫星，一颗是用于研究哈雷彗星的可回收卫星，另一颗是通信卫星。1986年1月28日，在升空后不久，意外事故摧毁了航天飞机。

鬼冢承次于1946年6月24日出生在夏威夷凯阿拉凯夸。他的祖父母从日本移民到夏威夷，在甘蔗种植园工作。1964年，他就读于科罗拉多大学，并加入了空军后备军官训练团。1970年，他继续在空军服役。1978年，美国国家航空和航天局选拔他成为宇航员，加入航天飞机机组。

鬼冢承次

延伸阅读：宇航员；挑战者号事故；太空探索。

国际空间站

International Space Station

　　国际空间站是太空中的一个大型人造卫星。大型人造卫星是用火箭发射到太空中的人造天体。超过15个国家共同协作建造了国际空间站。国际空间站的第一个组件在1998年发射升空，2011年国际空间站彻底完工。宇航员们还在不断给空间站更新升级设备。

　　国际空间站能同时满足6名宇航员生活所需。2000年起，国际空间站上开始有人居住。2009年，曾经有13人同时在空间站上短暂停留。这个空间站位于400千米高的轨道上。

　　国际空间站被用来进行科学实验，有些实验用来检查太空环境对包括宇航员在内的生物体产生的影响。

　　空间站的主要优势在于大多数设备只需一次性送入太空即可。多个国家的航天器定期造访空间站，带来新补给和新宇航员。2012年，SpaceX公司成为首家向空间站派遣飞船的私营企业。

延伸阅读： 宇航员；和平号空间站；人造卫星。

2010年，从亚特兰蒂斯号航天飞机上所见的国际空间站。国际空间站在地面之上400千米的轨道上环绕地球运行。

一位宇航员在太空中安装国际空间站某一舱段。

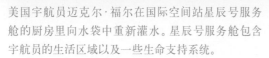

美国宇航员迈克尔·福尔在国际空间站星辰号服务舱的厨房里向水袋中重新灌水。星辰号服务舱包含宇航员的生活区域以及一些生命支持系统。

哈勃

Hubble, Edwin Powell

埃德温·鲍威尔·哈勃（1889—1953）是美国天文学家，他的工作改变了天文学家对宇宙大小和结构的看法。

在20世纪初期，大多数天文学家认为太空中所有可见天体都是银河系的一部分。然而，在20世纪20年代，哈勃研究了被称为仙女座大星系的一群恒星，他意识到他所看到的恒星比银河系中的恒星要暗淡得多。由此，他得出结论，仙女座大星系实际上是一个独立的星系而不是银河系的一部分。

哈勃后来研究了星系相对彼此远离的速度。1929年，他发现遥远的星系距离银河系越远，它就越快地远离银河系。哈勃得出结论，遥远的星系以与它们之间距离成正比的速度远离彼此。这个想法被称为哈勃定律。

哈勃出生于密苏里州马什菲尔德。他于1917年在芝加哥大学获得博士学位。1919年，他加入了加利福尼亚威尔逊山天文台的工作团队。他一直在那里工作，直到1953年去世。哈勃太空望远镜的命名就是为了纪念他。

延伸阅读：仙女座大星系；星系；哈勃常数；银河；威尔逊山天文台；宇宙。

这是加利福尼亚威尔逊山天文台的胡克望远镜。埃德温·哈勃用它确定了一些星云实际上是我们银河系以外的星系。

哈勃常数

Hubble constant

哈勃常数用于衡量宇宙膨胀的速度有多快。它是哈勃定律关键的一部分。该定律是宇宙学中最重要的观测结果之一。哈勃定律描述的是随着空间膨胀，遥远的星系远离的方式。哈勃常数和哈勃定律以其发现者美国天文学家哈勃的姓氏命名。科学家可以使用哈勃常数来估计宇宙的当前年龄。

1929年，哈勃发现星系距离我们银河系越远，它看上去远离的速度就越快。

哈勃得出结论，遥远的星系远离彼此的速度与它们之间的距离成正比。根据哈勃定律，相距2000万光年的两个星系彼此远离的速度是两个相隔1000万光年的星系的两倍。

在20世纪90年代后期，研究哈勃太空望远镜信息的天文学家估计哈勃常数值为每秒210千米。此后来自其他航天器的信息更确定地证实了这一数值。

延伸阅读：宇宙学；星系；哈勃；光年；银河；宇宙。

哈勃太空望远镜

Hubble Space Telescope

哈勃太空望远镜是迄今为止发展起来的最重要的科学设备之一。自1990年进入地球轨道以来，哈勃太空望远镜为天文学家提供了前所未有的各类天体和现象的图像。这架望远镜以美国天文学家埃德温·哈勃的姓氏命名。美国国家航空和航天局与欧洲空间局合作运营哈勃望远镜。

哈勃已经拍摄到了被尘埃盘环绕的恒星照片，有朝一日这些尘埃盘可能会成为可观测宇宙边缘的行星系统和星系。它还捕获了星系相互碰撞和相互撕裂的图像，获得了大多数星系的中心都有大质量黑洞的证据。黑洞是一种引力作用极强的空间区域。

也许与哈勃太空望远镜相关的最重要的科学突破，是发现宇宙正在以越来越快的速度膨胀。

在哈勃太空望远镜拍摄的这张伪彩色图像中，来自一颗红巨星的光线突然变亮，然后在穿过周围的尘埃云后变暗。

科学家们还将哈勃太空望远镜的图像与其他天文台的图像结合起来，创造出了令人难以置信的宇宙天体精细图像。

　　哈勃太空望远镜在地面之上约610千米的绕地轨道上运行。它是一架反射望远镜，装有一面大镜子用来收集光线，镜子宽240厘米。收集到的光线被反射到一个小透镜上，继而被聚集到一架相机上。哈勃太空望远镜可以收集红外（热）线、可见光和紫外线。虽然哈勃太空望远镜的大小与带拖车的大卡车相当，可实际上它比地球上最大的望远镜要小得多。但是，由于哈勃太空望远镜不需要透过大气层观测，所以它可以比地球上任何望远镜看得更远。大气层是围绕地球的一层气体，它会扭曲光线并使之变暗。

　　1990年，发现号航天飞机将哈勃太空望远镜送入轨道。不幸的是，天文学家很快发现望远镜的主镜形状磨得不对。1993年，宇航员们执行了维修任务，成功安装了功能类似于人类眼镜镜片的矫正透镜。

　　从1993年到2003年，宇航员们为哈勃太空望远镜进行了一系列维修或升级设备的任务。但在2002年，美国国家航空和航天局官员取消了计划于2006年进行的最后一次维修任务。在科学家和公众的多次抗议之后，美国国家航空和航天局重新安排了这次维修任务。2009年，宇航员成功修复了一台摄像机并升级了其他几种仪器。

爱斯基摩星云中一颗垂死恒星喷出的气体和物质碎片，来自哈勃太空望远镜的伪彩色图像。

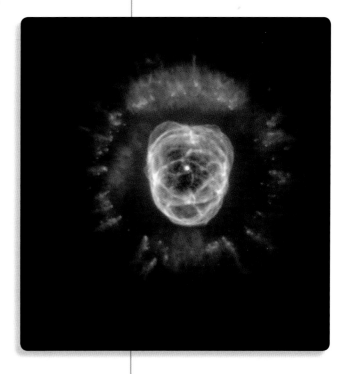

由于所有这些任务,哈勃太空望远镜得以拥有远远超出其设计的能力。

　　延伸阅读: 黑洞;哈勃;詹姆斯·韦伯太空望远镜;人造卫星;望远镜;宇宙。

哈勃望远镜拍摄的这张伪彩色图像是从蚂蚁星云中一颗垂死的类太阳恒星喷出的热气体。

在哈勃拍摄的这张照片中,一股带有水冰粒(以白色显示)的大风暴在火星北极附近旋转。

哈雷

Halley, Edmond

　　埃德蒙·哈雷(1656—1742)是研究彗星的英国天文学家。

　　彗星是在一条长长的椭圆轨道上围绕太阳运行的冰冻天体。哈雷以证明彗星在固定轨道上绕太阳运行而闻名。他在1682年看到了一颗彗星,并且证明它与天文学家们在1531年和1607年看到的是同一颗。他预言这颗彗星将在1758年再次出现,他是对的。这颗彗星现在称为哈雷彗星。人们在

哈雷

地球上每隔76年就能看到它一次。

人们认为哈雷还找到了测量从地球到太阳距离的方法。在极罕见的情况下，金星会从太阳和地球之间经过。哈雷建议测量地球上两个不同位置看到这颗行星从太阳前面经过的时间，通过比较两个位置的不同时间，可以计算出从地球到太阳的距离。哈雷在金星再次经过太阳之前就去世了，但是他的方法被其他科学家用来得到更加精确的日地距离。

哈雷在英国伦敦出生，毕业于牛津大学。

延伸阅读： 彗星；哈雷彗星；太阳；金星。

哈雷彗星

Halley's Comet

哈雷彗星是一颗非常明亮的彗星，大约每隔76年就能从地球上看到一次。彗星是在一条长长的椭圆轨道上围绕太阳运行的冰冻天体。这颗彗星以英国天文学家埃德蒙·哈雷的名字命名。哈雷彗星上一次出现在1986年，科学家认为它将在2061年再次出现。

在哈雷之前，大多数人认为彗星的运行轨迹是不规律的。哈雷证明了彗星像行星一样绕太阳运行。哈雷观察到，1531年和1607年看到的彗星轨迹与1682年的彗星轨道相吻合。他得出的结论是，这三颗彗星实际上是围绕太阳运行的同一颗彗星。当它的轨道接近太阳时，从地球上就能看到它。哈雷预测，这颗彗星将在1758年再次出现，而且此后大约每76年回归一次。当彗星如期于1758年按预测的那样返回时，它被称为哈雷彗星。不幸的是，哈雷已经于1742年去世了。

哈雷彗星上一次路过地球是在1986年。几个世纪以来，它每隔76年就会回归一次。

中国天文学家早在2000多年前就看到了这颗彗星。

延伸阅读： 彗星；哈雷；轨道。

哈里奥特

Harriot, Thomas

托马斯·哈里奥特（1560—1621）是英国数学家，他还研究了天文学、导航技术和地图制作。哈里奥特以其关于代数的书《实用分析学》（1631）而闻名，他在书中引入了大于（>）、小于（<）和平方根（√‾）的符号。

意大利科学家伽利略经常被认为是第一个用望远镜研究月球的人。然而，哈里奥特可能领先他足足好几个月。在1609年至1613年间，哈里奥特使用早期的望远镜研究了太阳、月亮，以及木星的卫星。哈里奥特没有公开发表他的研究报告，但他在给其他天文学家的信中讨论了这些问题。

哈里奥特1560年出生于英国牛津附近，1580年毕业于牛津大学。不久后，他开始给水手教授数学和导航技术。

1585年，哈里奥特跟随英国探险家沃尔特·罗利爵士的第二次北美探险之旅到达北美。哈里奥特关于这次旅途的著作成为用英语出版的第一本关于新世界的书。1595年，哈里奥特回到了英格兰，继续从事天文学、数学和光学方面的研究。哈里奥特于1621年7月2日在伦敦去世。

延伸阅读：伽利略；月球；望远镜。

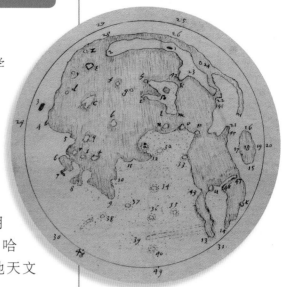

英国天文学家哈里奥特于1609年7月26日绘制的月面图表明，他是第一个通过望远镜观察月球的人。但是，在哈里奥特发表他的月面图之前，伽利略已经发表了他对月球表面的绘图。

海尔

Hale, George Ellery

乔治·埃勒里·海尔（1868—1938）是美国天文学家。他率先开发了研究太阳的科学仪器。他还筹划建造了几架巨型望远镜，其中包括位于圣地亚哥附近帕洛玛天文台的海尔反射望远镜。该仪器的直径为508厘米。

海尔出生于芝加哥，毕业于马萨诸塞理工学院。1891年，他发明了一种叫作太阳单色光照相仪的仪器，它使科学家能

够看到太阳表面化学元素的种类和数量。海尔还在太阳黑子研究上做出了重要的发现。例如，他证明了太阳上的这些黑暗区域拥有强大的磁场。

1895年，海尔创办了《天体物理学杂志》，该杂志后来成为天文学家们的主要期刊。他创立了威斯康星州叶凯士天文台，并成为第一任台长，后来又建立了加利福尼亚州威尔逊山天文台。

延伸阅读： 天文学；帕洛玛天文台；太阳；望远镜。

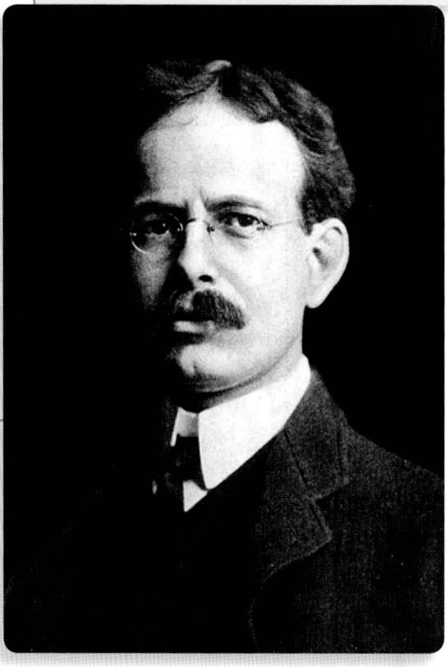
海尔

海王星

Neptune

海王星是离太阳最远的行星。它是唯一一颗从地球上不用望远镜就无法看到的行星。明亮的蓝云覆盖了海王星的表面。因为这些云看起来像是水，所以这颗行星是以古罗马神话里的海神涅普顿的名字命名的。

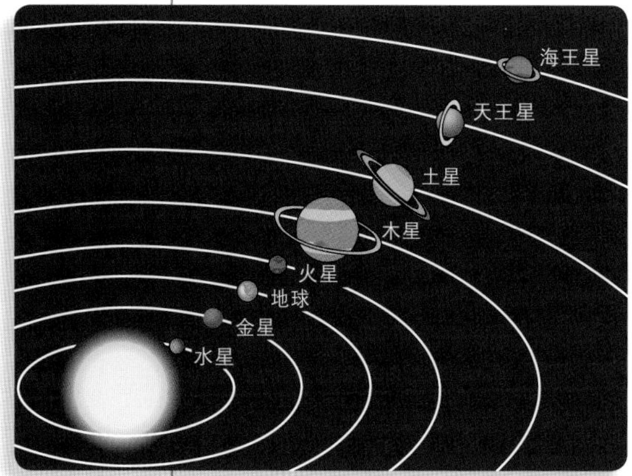

海王星是离太阳最远的行星。

科学家认为，海王星是一颗气体巨行星，主要由气体、水和矿物质组成。他们认为海王星有三层。核心可能主要由铁、镍和硅酸盐组成。硅酸盐是矿物质，也构成了地球岩石地壳的大部分。与地球不同，海王星没有固体表面，其核心上方一层是泥泞的地幔，主要由氨、甲烷和水冰制成。就像天王星一样，海王星内有大量冰，因而天文学家将这两个行星标记为冰冻巨行星。海王星的泥泞地幔逐渐过渡到其最上层，这是主要由氢气和氦气组成的气态大气层。少量甲烷使大气呈现蓝色。

在海王星的大气层高处，厚厚的云层正在快速运动。风吹动这些云，速度高达每小时约1450千米。海王星大气中最高的云层主要由冷冻甲烷组成。1989年，旅行者2号航天器发现海王星上有一个由飓风一样剧烈旋转的气体形成的黑暗区域。这个区域被称为大黑斑，类似于木星上的大红斑。1994年，哈勃太空望远镜发现大黑斑已经消失。

像太阳系中的其他巨行星一样，海王星也有光环。海王星的6个环比土星环更淡也更暗。这些光环由在轨道上运行的尘埃颗粒组成。海王星的外环跟太阳系中任何其他行星的光环都不一样，它有5个被称为弧的弯曲部分。弧比环的其余部分更亮更厚。科学家认为，一些小卫星会导致尘埃在环中不均匀地分布。

海王星在椭圆轨道上绕太阳运行。海王星围绕太阳一周需约165个地球年。海王星上一天持续约16小时3分钟。像地球和其他行星一样，海王星的轴是倾斜的。海王星的倾斜使得这颗行星上有四季变化。海王星上的每个季节持续约40年。

海王星大小大约是地球的四倍。科学家已知道这颗行星至少有14个卫星，但可能还有更多。海王星最大的卫星海卫一特里顿 (Triton) 以与海王星旋转相反的方向在轨道上运行。它是太阳系中唯一这样运行的大卫星。

海王星是由科学家研究另一颗行星天王星的运行规律时发现的。观测天王星的天文学家注意到行星的实际轨道与他们认为应该遵循的轨道之间的差异。他们的结论是，某个未知行星的引力正在影响天王星。

1846年，科学家们首次通过望远镜看到了海王星。美国旅行者2号航天器于1989年拍摄了海王星的第一张特写图片。旅行者2号也让科学家找到了它的6颗卫星和海王星环的位置。

海王星被认为是蓝色的，因为它最外层的大气中存在少量甲烷。甲烷也是天然气的主要成分。

旅行者2号上搭载的仪器拍摄了海王星周围的光环。与土星周围的环相比，它非常薄。

海卫一

Triton

海卫一特里顿是海王星最大的卫星。它的直径约为2700千米。它比地球的卫星月亮小一点。海卫一环绕海王星旋转的方向与海王星的自转方向相反。海卫一和土卫六是太阳系中已知仅有的大气密度足以产生天气的两颗卫星。海卫一稀薄的大气层中含有氮和微量的甲烷、一氧化碳和二氧化碳。

海卫一是在1846年被发现的，就在发现海王星之后不久。1984年，天文学家在海卫一上发现了氮冰。1989年，太空探测器旅行者2号飞掠了海卫一，它传回的图像显示了一个由冰覆盖的表面，只有少数几个陨击坑。

延伸阅读： 海王星；卫星；旅行者号。

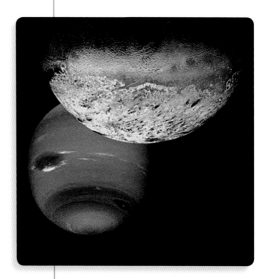

在哈勃太空望远镜拍摄的一幅图像中，海卫一使比它大得多的海王星相形见绌。

航空航天医学

Aerospace medicine

航空航天医学是研究和治疗由飞行引起的健康问题的医学学科。航空医学的医生和科学家们为飞行器驾驶员、机组人员和乘客们提供医疗服务。航空旅行中通常会出现的问题有晕动病、噪声、振动，还有氧气含量的变化。速度和气压的快速变化也可能影响航空旅行者。专攻航空医学的医生称为航空医师。

航空航天医学还包括航天医学。航天医学涉及宇航员和其他在太空工作的人。在太空中，宇航员通常处于失重状态，这可能会导致许多健康问题。其中一个问题是晕动病，宇航员可能会失去方向感。在太空中工作数周或数月的人，他们的骨骼会变得脆弱，肌肉会萎缩。太空飞行的另一种危险是来自太阳和太空

美国宇航员斯科特·凯利（Scott Kelly）在为一项关于失重效应的实验做准备。凯利在国际空间站上度过了将近一年的时间，科学家们还研究了失重对他本人的影响。

中其他天体的辐射。长期生活在太空中的人还可能会患上思乡病，并对同事产生厌恶感。

延伸阅读： 宇航员；邦达尔；太空探索。

和平号空间站

Mir

1995年，亚特兰蒂斯号航天飞机与和平号空间站在轨对接，照片由联盟号宇宙飞船上的宇航员拍摄。

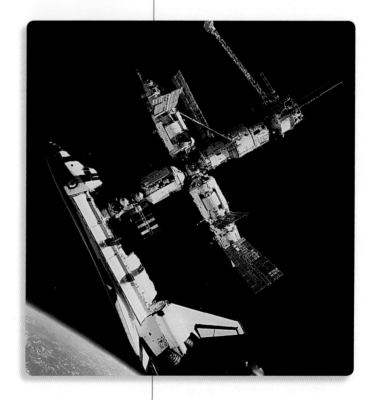

　　和平号是由苏联建造的一个长期运行的空间站，由多个舱段组成。每个舱段分别被发射入太空。第一个舱段在1986年发射升空。2001年，和平号空间站被毁。

　　在与美国的太空竞赛中，苏联开始组装和平号空间站。此空间站原本只预计运行5年时间，但1991年苏联解体后，俄罗斯决定让和平号在太空中停留更长时间。这个空间站曾经连续近10年都至少有一名宇航员在上面停留。

　　俄罗斯在2001年3月终止了和平号项目，并将和平号送入地球大气层，最终彻底烧毁。

延伸阅读： 国际空间站；太空探索。

赫斯

Hess, Victor Franz

　　维克多·弗兰兹·赫斯（1883—1964）是一位奥地利科学家。他因发现宇宙射线而获得1936年诺贝尔物理学奖。宇宙射线是在太空中高速运动的微粒子。赫斯与卡尔·大卫安德森分享了该奖项,安德森发现了一种叫正电子的粒子。

赫斯研究了地球大气中的离子。这些离子是通过辐射产生的。一些辐射来自地球内部的物质。赫斯拿着探测辐射的仪器上了山,还把它们带上了探空气球飞行。他发现高海拔处的带电离子数量急剧增加,这是证明大多数辐射是以宇宙射线的形式从太空而来的有力证据。

赫斯出生于奥地利施泰尔马克,于1906年在格拉茨大学获得博士学位。

延伸阅读:宇宙射线。

赫斯

赫歇尔家族

Herschel family

赫歇尔家族包括三位相关的英国天文学家。

威廉·赫歇尔(1738—1822)建立了恒星天文学,这个学科研究太阳系以外的天体。1781年,赫歇尔发现了天王星,后来又发现了天王星的两颗卫星和土星的两颗卫星。他的其他成就包括对太阳在太空中的运动、恒星的相对亮度以及红外线的开创性研究。赫歇尔用他自己制造的望远镜研究了天空。其中一个的镜面直径为1.2米,一直到1845年都是世界上最大的望远镜。

威廉·赫歇尔的妹妹卡罗琳·卢克雷蒂亚·赫歇尔

威廉·赫歇尔

约翰·赫歇尔

（1750—1848）是第一位著名的女天文学家，她经常协助威廉·赫歇尔工作。1786年，她独立发现了一颗彗星，后来又发现了七颗彗星。卡罗琳·赫歇尔还发现了一些星云，即太空中朦胧的气体和尘埃云。1828年，因为她为威廉·赫歇尔观测的星云和恒星系统编制的星表，皇家天文学会授予她一枚金质奖章。

威廉·赫歇尔的儿子约翰·弗雷德里克·赫歇尔（1792—1871）发现了数千颗恒星、星团和星云。从1834年到1838年，他对南方天空进行了彻底巡查，就像他父亲研究北方天空那样。他还对数学和光学研究做出了贡献。

延伸阅读： 天文学；星云；恒星；望远镜。

赫歇尔太空天文台

Herschel Space Observatory

赫歇尔太空天文台是围绕太阳运行的一架望远镜，它用远红外光进行观测。红外线对人眼是不可见的，但人可以在皮肤上感觉到它的热量。这架望远镜以英国天文学家威廉·赫歇尔的姓氏命名，于2009年发射升空。几个欧洲国家、加拿大、以色列、中国和美国都为赫歇尔望远镜的开发和建设做出了贡献。

赫歇尔望远镜采用有史以来为太空望远镜建造的最大单镜来收集远红外线。天文学家利用这些信息研究了太阳系历史早期时形成的星系，以及可能有恒星和行星正在形成的区域。在用于冷却航天器仪器的所有液氢蒸发后，该项目于2013年结束。

大空间模拟器内的赫歇尔望远镜

褐矮星

Brown dwarf

在这幅艺术插图中，一颗褐矮星正在近距离经过一颗比它大得多的恒星。

褐矮星是一类暗淡的天体，质量比行星要大，但又比恒星要小。它们的个头与木星几乎一样，但质量却是木星的13～75倍。褐矮星很难被发现，因为它们太暗淡了。

恒星和褐矮星以同样的方式形成。先是尘埃和气体组成的云团在引力作用下收缩，在云团的中心形成一个气体球。随着云团继续缩小，球的温度升高。当球的核心变得足够热时，氢原子开始发生聚合。

如果气体球有足够大的质量（超过木星的质量约75倍），聚合将继续进行，然后这个天体就会变成一颗恒星。如果气体球的质量较小，则几乎不发生聚合，然后这个天体就变成一颗褐矮星。

褐矮星继续缩小，它核心中的电子越来越强烈地相互挤压。这种挤压可产生能抵抗住引力的压力，最终压力等于引力，褐矮星停止收缩并开始冷却。随着温度的降低，聚合随即停止。褐矮星的温度继续下降，它的光芒也将慢慢消失。

自20世纪70年代以来，天文学家就曾预测宇宙中存在着大量的褐矮星，但直到1995年天文学家才确定他们发现了褐矮星。一些科学家认为，宇宙中的褐矮星数量可能与恒星数量相当。

延伸阅读： 引力；木星；红矮星；恒星。

黑洞

Black hole

黑洞是外太空里一种看不见的区域。它的引力如此强大，以至于任何靠得太近的物体都会被永远困在其中。黑洞是看不见的，因为即使光也不能从它的引力束缚中逃脱出来。

黑洞的表面被称为事件视界，它不是那种你可以看到或触摸的普通表面。在事件视界上，引力的拉扯是如此之强，没有任何东西可以逃离它，包括光。随着物体以高速进入黑洞内部，它仅仅可以在事件视界处存在一瞬间。

　　天文学家不能直接看到黑洞，但是他们可以看到黑洞是如何影响附近恒星和其他天体的。例如，黑洞可以从一颗恒星上吸走气体并将其加热，被加热的气体会释放出被称为X射线的高能射线。科学家们可以使用专门的望远镜观察这些X射线以确定它们的来源，然后定位那个黑洞。

　　天文学家认为，黑洞是由燃料耗尽的大型恒星形成的。当恒星被其自身引力挤压时，它会收缩。一段时间之后，恒星会发生爆炸并抛出其外层。这时它的内核被压缩得越来越小，直到变成一个微小的点，这个点就是黑洞。

　　科学家认为，一些极其大的恒星会在没有爆炸的情况下就直接坍缩成黑洞。最大的黑洞的质量是太阳的数十亿倍。这些黑洞可能形成于宇宙历史的早期，几乎所有星系的中心都存在这样的超大质量黑洞。

　　强有力的证据表明，银河系的中心就有一个称为人马座A*的超大质量黑洞。人马座A*是一个超大质量黑洞的最明显迹象是它周围那些恒星的快速运动。这些恒星中运动最快的似乎每15.2年就会绕人马座A*运行一周，速度达到每秒5000千米。天文学家推断，在这个恒星轨道内一定存在着一个质量相当于大约400万个太阳的天体，而目前唯一所知的质量如此之大且适合处于恒星轨道之内的天体就是黑洞。

　　延伸阅读： 星系；引力；引力波；银河；人马座A*；恒星；宇宙。

在这幅艺术插图中，一个黑洞将物质和能量的双喷流射入太空。天文学家认为，在几乎每个星系（包括银河系）的中心都存在超大质量黑洞。

恒星

Star

　　恒星是太空中由非常热的物质组成的巨大球体。它们产生大量的光和其他形式的能量。太阳是太阳系中心的恒星。其他恒星看起来像闪烁的光点，而太阳看起来像一个球，因为它比其他任何恒星离地球都近得多。

天文学家认为大约50%~75%的恒星是双星系统的成员。这些间隔很近的恒星绕彼此运转。太阳不是双星系统的一员。

几乎所有的恒星都在称为星系的群体内。太阳属于银河系。一个星系由几十万到上万亿颗恒星组成，宇宙中存在数十亿，甚至可能是上万亿个星系。因此，宇宙中可能存在数十亿乘以数万亿颗恒星。

明亮的恒星发光是因为核聚变的过程。在这个过程中，当一种物质转变成另一种物质时，能量就产生了。对于大多数恒星，包括太阳，能量是由两个氢原子聚变成一个氦原子而产生的。太阳系大部分的能量来自太阳的热量和可见光，以及称为太阳风的粒子流。

一颗恒星有五个主要特征：亮度、颜色、表面温度、大小和质量。天文学家用亮度或光度来描述恒星的亮度。目视最亮的恒星被列为一等星。光度是恒星释放能量的速率。

恒星闪耀着不同的颜色，包括红色、橙色和蓝色。恒星的颜色取决于它的温度。最热的恒星是蓝色的，较冷的恒星是红色的。

恒星有许多大小。天文学家把太阳归类为矮星，因为其他类型的恒星要大得多。一些恒星被称为超巨星，其直径是太阳的数百倍。中子星是最小的恒星，直径只有20千米。

恒星的质量是它所拥有的物质的量。天文学家使用太阳的质量来衡量所有其他恒星。

恒星的各个特征以复杂的方式相互关联。颜色取决于表面温度。亮度取决于表面温度和直径大小。恒星的质量影响恒星产生能量的速率。恒星的亮度影响表面温度。

恒星随着年龄的增长而变化。它们最终停止发光，变得又冷又暗。耗尽燃料的恒星完全停止发光。恒星越亮，燃料消耗得越快，死亡得越快。

恒星的结局取决于恒星的大小。较小的恒星像气球一样膨胀，并变得大许多倍，然后恒星收缩，变成更小更重的恒

木星和红矮星沃尔夫359比太阳和天狼星小得多，天狼星是地球夜空中最亮的恒星。

但是天狼星与巨星（如大角星和北河三）或超巨星（如毕宿五）相比，是相当小的。

星。较大的恒星会经历相同的步骤，直到最后。但是当一颗大恒星像气球一样膨胀时，它不会收缩。相反，它会爆炸并产生一种被称为超新星的壮观事件。在爆炸过程中，这颗恒星发出的光比其他数十亿颗恒星发出的光加起来还要亮。

超新星爆发后，一颗小恒星会变成一颗非常小但重得不可思议的恒星，称为中子星。较大的恒星收缩得更厉害，这些恒星变成了一个黑洞。最大的恒星爆炸得非常猛烈，爆炸后什么也没有留下。

延伸阅读：半人马座α；参宿四；双星；蓝巨星；褐矮星；老人星；星座；天津四；昏星；星系；中子星；北极星；新星；半人马座比邻星；红矮星；红巨星；天狼星；超新星；白矮星。

在巨大的星云NGC3603中，成千上万新生的和年轻的恒星在尘埃云和气体云中闪耀，NGC3603 是银河系最大的"恒星托儿所"之一。

红矮星

Red dwarf

红矮星是一类温度相对较低的小个头恒星。红矮星发出昏暗的红光，其红色是因为它们的温度相对较低。它们是银河系中最常见的恒星类型。

红矮星的质量为太阳质量的1/12～1/2。它们发出的光是太阳光的1/10000～1/10。红矮星的光芒如此微弱，以至于很难在远处发现它们。最接近太阳的恒星半人马座比邻星也是红矮星。

因为红矮星具有如此低的质量，所以它们燃烧氢的速度非常缓慢，其核心的氢可以继续燃烧达数百亿甚至数万亿年，这段时间比当前的宇宙年龄还要长得多。出于这个原因，科学家认为还没有任何一颗红矮星已经用尽了其氢燃料。

延伸阅读：褐矮星；半人马座比邻星；恒星；白矮星。

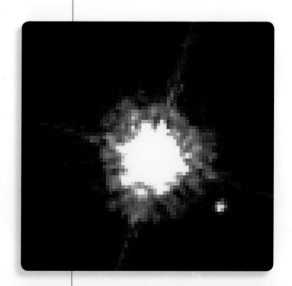

在哈勃太空望远镜拍摄的这张伪彩色图像中，一颗红矮星正被一颗小得多的伴星绕转。

红巨星

Red giant

红巨星是一类非常明亮的巨大恒星，发出微红的光芒。红巨星的大小是太阳的10~100倍，亮度是太阳的数十至数百倍。它们的微红外表来自它们相对较低的温度，大约在2000~4500℃之间。众所周知的红巨星包括夜空中第四亮星大角和金牛座中最亮的恒星毕宿五。

每颗红巨星都曾经是像我们的太阳一样的恒星。当一颗质量约为太阳质量0.5~8倍的恒星消耗掉其核心的大部分燃料时，就形成了一颗红巨星。这颗恒星这时会膨胀到其原始尺寸的许多倍。

天文学家预测，从现在开始大约50亿年之后，太阳将变为一个红巨星，它的外层可能会扩展越过目前的水星轨道。太阳将保持红巨星状态大约10亿年。在随后的大约1亿年里，它将抛弃其外层。这些外层在膨胀时会冷却，变得越来越红。最终，红巨星将成为一颗称为白矮星的低温小恒星。

延伸阅读：参宿四；老人星；恒星；太阳；白矮星。

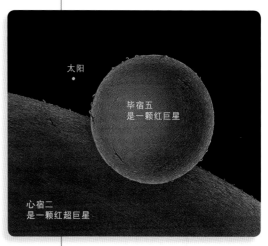

红巨星和红超巨星的大小为太阳直径的10~1000倍。

红移

Redshift

红移是光的一种拉伸，拉伸改变了光的波长。波长是光一个波峰和下一个波峰之间的距离。

红移可以由两种不同的原因造成——多普勒红移和宇宙学红移。波源相对于观察者的运动可以引起波长的变化。远离观察者的物体发出的光被拉伸，波长增加。科学家将这种波长移动称为多普勒效应。

光波的波长决定了它的颜色。红色具有可见光里最长的波长。因此，被拉伸的光会显得更红，即发生了红移。

天文学家发现，远在银河系外的几乎所有宇宙天体都只有红移。它们都正在远离地球。这种宇宙学红移是由宇宙的膨胀引起的。大多数科学家认为宇宙在大约138亿年前开始膨胀。随着宇宙膨胀，大多数星系之间的距离增加。当光线穿过正在膨胀的太空时，光的波长也稳定地被拉伸了。

延伸阅读：大爆炸；光；宇宙。

在哈勃太空望远镜拍摄的图像中，由于宇宙的膨胀，来自极端遥远星系的光已经被朝着光谱的红端"拉伸"。

黄道带

Zodiac

黄道带是天空中的一条带状区域，有12个星座。黄道带对占星术爱好者有着特殊的意义，占星术认为恒星和其他天体会影响人们的生活。占星术士把黄道带分成12等份，每一份称为一个星宫，以十二星座命名。他们认为一个人因为他出生的时间，会受到特定出生星宫的特殊影响。十二星宫是白羊宫、金牛宫、双子宫、巨蟹宫、狮子宫、处女宫、天秤宫、天蝎宫、射手宫、摩羯宫、水瓶宫和双鱼宫。

中国的十二生肖，是一些亚洲国家自古以来使用的一套符号。它不涉及星座，与西方黄道带也没有历史联系。然而，这两者都有12个符号。而且这两个系统都认为一个人的出生日期会影响他或她的性格和命运。十二生肖的12个标记符号都是动物。科学家和其他许多人认为占星术只不过是一种迷信。

延伸阅读：宝瓶座；白羊座；占星术；巨蟹座；摩羯座；星座；双子座；狮子座；天秤座；双鱼座；人马座；天蝎座；金牛座；室女座。

占星学认为黄道十二宫会对一个人的性格和命运产生影响。但是科学家没有发现占星术的科学证据。

彗星

Comet

彗星是一类在太空中会释放气体或尘埃的冰冻天体。彗星在一个很长的椭圆形轨道上绕太阳运动。

彗星具有由冰和碎石尘粒组成的固体核心。它就像一个肮脏的雪球，核心周围被一种称为彗发的云状气体层包裹着。当彗星运动到太阳附近时，会出现一条或两条尾巴。太阳的热量把一些冰变成了气体，嵌在冰里的气体和岩石粒形成彗尾。

绝大多数彗星的核心直径约16千米。有些彗发尺度可达将近160万千米。有些彗尾能延伸到超过4.8亿千米的距离。

天文学家们认为，彗星是46亿年前太阳系里的行星形成时剩余的残骸。一些科学家认为，彗星给初始的地球带来了一些水和组成生命的化合物。

天文学家根据彗星在轨道上需要多长时间才能绕太阳一圈来给彗星分类。短周期彗星不到200年时间就能绕行一圈，长周期彗星需要200年或更长时间。科学家认为短周期彗星来自名为柯伊伯带的天体地带，这个地带位于海王星轨道之外。带外行星的引力会轻轻地推动小天体脱离柯伊伯带并进入内太阳系，在那里，它们成为活跃彗星。

长周期彗星来自奥尔特云。奥尔特云距离太阳比地球轨道距离太阳要远5000倍，是冰冻小天体组成的球状集合。过路恒星的引力会引起奥尔特云里的冰冻天体进入内太阳系，成为活跃彗星。

彗星每次返回到内太阳系时，都会失去一些冰和尘埃。它们在身后留下的残片组成了路径。当地球经过其中一条路径时，残片进入大气层燃烧形成流星。

最终，一些彗星会失去所有的冰。它们解体，散入尘埃云。或者，它们变成小行星这类易碎的天体。

你需要用望远镜才能看到大多数彗星。一些彗星接近太阳的时候，没有望远镜也可从地球看到。在这段时间里，阳光使彗星里的尘埃闪亮。

这是2007年欧洲南方天文台在智利拍摄的一张照片，麦克诺特彗星炫目的尾巴横跨夜空。麦克诺特是过去50年来地球上可见的最亮彗星之一。

　　哈雷彗星是最有名的一颗彗星，大约每隔76年经过地球一次。它上一次经过地球附近是在1986年，当时有五艘航天器飞过哈雷彗星。它们收集的大量信息帮助科学家对彗星有了更多的了解。

　　2004年，欧洲空间局发射了罗塞塔号飞船。罗塞塔号在2014年开始绕彗星67P/丘留莫夫—格拉西缅科运行。罗塞塔号还携带了一架能在彗核着陆的小型探测器。

　　2005年，当坦普尔1号彗星接近太阳时，美国向它发射了深度撞击飞船。这艘飞船包括两个小型探测器：一个撞击器和一个飞掠器。当年7月，撞击器故意撞上彗核。在碰撞前的瞬间，探测器看到了前所未有的彗核特写照片，记录下了它布满坑洞的粗糙表面。飞掠器记录下了这次撞击，撞击使彗核物质气化，并产生明亮的尘埃羽流。羽流的外观表明，彗核的表面是干燥的粉状尘埃颗粒，由引力松散地保持在一起。

　　延伸阅读： 哈雷彗星；柯伊伯带；奥尔特云；太阳系。

惠更斯

Huygens, Christiaan

　　克里斯蒂安·惠更斯（1629—1695）是荷兰天文学家、数学家和物理学家。天文学家研究地球以外的天体，物理学家研究物质和能量。

　　1678年，惠更斯提出光是由一系列波组成的。另一位科学家艾萨克·牛顿认为光是由粒子组成的。今天，我们知道光既是粒子又是波。

　　惠更斯在其他领域也取得了重要进展。1651年他描述了一种测量圆形面积的新方法，他与他的兄弟康斯坦丁一起开发出了更强大的望远镜，他还发现了土星的卫星土卫六泰坦，他指出当时天文学家称为"土星之臂"的是土星环。

惠更斯

　　欧洲空间局以惠更斯的姓氏命名了一个太空探测器来纪念他发现土卫六。惠更斯号探测器于2005年登陆土卫六，它由美国的卡西尼号航天器运载和释放。

　　延伸阅读： 卡西尼号；电磁波；光；土星；望远镜；土卫六。

昏星

Evening star

昏星是指日落之后可以看到的行星。金星和水星经常被视为昏星。它们在比地球更靠近太阳的轨道上运行。因此,它们看上去总是从太阳的一侧移动到另一侧。金星和水星只能在日落后的西部天空或日出前的东部天空中看到。当两颗行星中的任何一颗在日出时被看到,它就被称为晨星。

行星是固态、液态或气态的星球。行星不像恒星那样能自己发光。它们通过反射阳光而闪亮。古代人认为行星是游走的星星。在罗马时代,人们认识到晨星和昏星其实是同样的行星。1543年,波兰天文学家尼古拉斯·哥白尼确认了这些"星星"在太阳系中的位置。

延伸阅读: 水星;金星;行星;恒星。

金星在日落时分处于接近地平线的位置,有时被称为昏星。

火箭

Rocket

火箭是一种通过向相反方向喷射出气体来推动自身前进的装置。火箭是一种发动机,像汽车发动机和喷气发动机一样,它同样会引发运动,是动力最强大的一种发动机。

大多数火箭通过燃烧燃料产生动力,称为化学火箭。除燃料外,火箭还会携带一种氧化剂。燃料燃烧需要氧气,氧化剂负责供应氧气。喷气发动机的工作原理与火箭类似,但它们不需氧化剂,其可以从空气中获取氧气。由于火箭携有氧化剂而不需要从空气中获得氧气,所以它们依然可以在外

2011年11月，在佛罗里达州卡纳维拉尔角，一枚大力神五号火箭将火星科学实验室的火星车（绰号为好奇号）送入太空。

太空燃烧燃料。火箭的燃料和氧化剂的混合物称为推进剂。

化学火箭的燃料在燃烧室内燃烧。燃烧过程中产生的热气体会向各个方向迅速膨胀，然而却只能通过火箭后部的喷嘴开口离开燃烧室。当气体从喷嘴中喷出时火箭被推向相反的方向。这种运动可以用英国科学家艾萨克·牛顿发现的运动定律来解释。牛顿定律指出，对于每一个作用力，都存在一个与其大小相同而方向相反的反作用力。

大多数太空火箭有两级或三级，这种火箭被称为多级火箭。多级火箭的每一级都有一部携带燃料和氧化剂的火箭发动机。第一级处于工作状态时，发射火箭；在第一级燃尽其推进剂后，火箭抛下该级，然后第二级开始工作。火箭以这种方式一级接一级地工作。

火箭用于将人造卫星发射到围绕地球的圆形轨道上。发射卫星和太空探测器的火箭称为运载火箭。

火箭搭载着要进行长途航行去探索太阳系的太空探测器。探测器已经探索了太阳系中的太阳、月亮和所有行星，它们携带着科学仪器，收集有关行星的信息并将信息传回地球。在月球、金星、火星和土卫六的表面，都存在探测器着陆的印迹。

火箭也是运载宇航员进入太空的运载工具。将宇航员送上月球的土星五号火箭是有史以来建造的最强大的运载火箭。它可以向月球发送质量超过45000千克的航天器。航天飞机是可重复使用的火箭动力航天器，可以反复进入太空并

两级火箭由两段组成，每一段称为一级。每级都有发动机、燃料和氧化剂。当第一级的燃料用尽后，该级就会落下。然后，第二级点火。

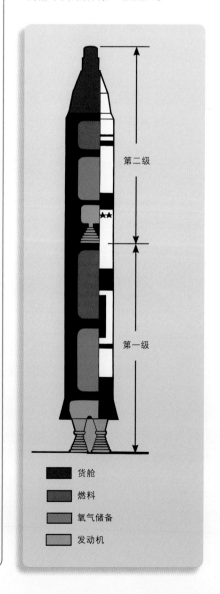

第二级

第一级

■ 货舱
■ 燃料
■ 氧气储备
■ 发动机

返回地球。

工程师通过改造军用或气象火箭创造了第一批运载火箭。例如，他们为其中一些火箭增加级数以提高速度。如今，工程师有时会将小火箭附到运载火箭上，这些称为助推器的火箭为发射更重的航天器提供了额外的动力。

火箭由政府和私营公司制造。美国国家航空和航天局自己制造火箭，也帮助私人公司建造火箭。

延伸阅读： 喷气推进实验室；轨道；人造卫星。

1926年3月，美国火箭先驱罗伯特·H.戈达德（Robert H.Goddard）站在世界上第一个成功发射的液体推进剂火箭的发射架旁边。戈达德设计和制造的这枚火箭高12米，飞行时间为2秒，平均速度约96千米/时。这枚火箭的燃料为汽油和液氧。

火山

Volcano

火山是行星或卫星表面的一个开口，熔岩或其他物质从中喷出来。这种物质爆发称为喷发。地球不是太阳系中唯一有火山和火山活动的天体。另外三颗岩石行星——水星、金星和火星——它们历史上都有过火山喷发。科学家还发现，除了地球的卫星外，围绕其他行星的好几颗卫星上也有火山活动的痕迹。

"信使号"太空探测器在2011年拍摄的图像显示，水星上的火山活动比科学家们认为的更为猛烈和广泛。从40亿年前到35亿年前的这段时间里，厚厚的熔岩流从水星表面长达25千米的裂缝中喷涌而出。在其北极地区，熔岩流填满了环形山，淹没了附近的地区，形成了覆盖水星北半球大部分地区的平原。

一股主要由冰和水蒸气组成的羽流从土卫二喷发出来。

金星上有火山近期喷发过的证据。许多科学家认为，金星上的火山可能仍会偶尔喷发，但是并没有观察到过。

火星上有太阳系中最大的火山。最高的山峰奥林匹斯山比周围平原高出约25千米，直径超过600千米。另外三座大火山，分别是阿尔西亚山、艾斯克雷尔斯山和帕弗尼斯山，坐落在一个叫作塔尔西斯的广阔的隆起地区上。这些火山的坡度都是逐渐上升的，非常像夏威夷火山的坡度。这些火山都是盾状火山，它们是由熔岩喷发形成的，这些熔岩在形成固体之前可以流很长一段距离。

在计算机生成的三维图像中，凝固的熔岩沿着金星上的玛阿特山的斜坡倾泻而下。

火星上还有许多其他类型的火山地貌，从小而陡峭的锥形到覆盖着凝固熔岩的巨大平原都有。科学家们不知道火星上最近的一次火山喷发是什么情况，一些较小的喷发可能仍然会发生。

在月球上被称为月海的较暗地区，可以看到月球历史早期火山爆发的证据。这个名词来源于较暗区域的平滑以及它们与水体颜色的相似性。月海上遍布陨击坑地貌，有一部分被火山喷发时的熔岩淹没。熔岩随后冻结，形成了岩石。

木卫一是离木星最近的大卫星，是太阳系中地质活动最活跃的天体。火山喷发出大量尘埃，到达其表面上空500千米处。持续的火山爆发创造了如此多的新陆地，以至于木卫一的表面被熔岩流、山脉和小坑所覆盖，而不是陨击坑。木卫一的火山活动是因木星和其他大卫星的潮汐作用。这些天体的引力将木卫一的内部向不同的方向挤压，就产生了巨大的热量。

熔岩并不是太阳系中的火山喷发出来的唯一物质。土卫六上有冰的火山爆发。土卫六的表面非常冷，其深处的液体可以通过这种方式到达地面，然后液体在寒冷的表面结冰。这样的火山叫作冰火山。

科学家还观察到，一股粒子羽流从土星的另一颗卫星土卫二的南极喷发出来。这股羽流由卫星表面的几个独立喷流提供，这些喷流释放的主要是水蒸气和水冰颗粒，但也会释放一些有机分子。

木星的卫星木卫一上的活火山贝利周围环绕着一圈明亮的红色光环。

延伸阅读： 土卫二；木卫一；月海；火星；水星；月球。

火卫二

Deimos

火卫二是环绕火星的两颗微小卫星之一。火卫二比火卫一小。火卫二每30小时绕火星转一圈。

火卫二和火卫一都不是完美的球形。它们的形状更像是地球上的普通岩石。火卫二的最大直径约为15千米。火卫一大约27千米。这两颗卫星上有许多陨击坑，是流星体撞上它们的时候形成的。

科学家们不知道火卫二和火卫一是在哪里形成的。它们可能是与火星同时形成的，也可能是被火星的万有引力拉入轨道的小行星。这两颗卫星的颜色都是深灰色，跟某些小行星的颜色类似。

美国天文学家阿萨夫·霍尔（Asaph Hall）于1877年发现了火卫二和火卫一。他以希腊战神阿瑞斯的双胞胎儿子福波斯和德莫斯的名字为它们命名，即火卫一和火卫二。阿瑞斯是古罗马人对火星的称呼。德莫斯这个名字来自希腊语，意思是恐惧。

延伸阅读： 引力；火星；火卫一；卫星。

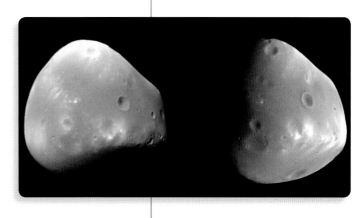

火卫二表面标志性的陨击坑。这是火星侦察轨道器拍摄的两张照片。

火卫一

Phobos

火卫一福波斯是火星的一颗卫星。它比火星的另一颗卫星大。另一颗卫星火卫二被命名为德莫斯。美国天文学家阿萨夫·霍尔于1877年发现了它们，他以希腊神话里战神阿瑞斯的两个儿子的名字为其命名。两颗卫星都不是完美的球形，它们的形状更像是普通的岩石。火卫一最宽处的直径约为27千米。

这两颗卫星上有许多陨击坑，这些陨击坑是在流星体撞击它们时形成的。火卫一的表面还具有复杂的凹槽图案，它们可能是撞击形成卫星最大的陨击坑时产生的裂缝。

科学家们不知道火卫一和火卫二是怎样形成的。它们可能在火星形成的同时就已经在火星轨道上存在了。另一种可能性是，它们最初是火星附近的小行星，然后火星的引力将它们拉入绕火星运行的轨道。两颗卫星都是深灰色，类似于某些小行星的颜色。

延伸阅读： 火卫二；陨击坑；火星；卫星。

火卫一福波斯是火星轨道上的两颗卫星之一，具有独特的大型陨击坑。

火星

Mars

火星是太阳系中第四颗行星，是一颗表面遍布岩石和环形山的行星。火星的英文名称（Mars）源自古罗马神话中的战神玛尔斯，因为它呈现出血红色。显露这种颜色的原因在于其土壤中富含铁质。火星有时也称为"红色行星"。

科学家在火星上发现了曾经有水的坚实证据，如河床、峡谷以及深沟等。许多科学家还认为，火星表面之下的岩石缝隙和孔洞中仍可能有水。探测器已经在火星两极区域发现了大量的冰。

一些科学家推测，十几亿年以前，火星上可能有生命，甚至今天都可能还存在。科学家认为，对已知生命形态而言，水是必备的三种因素之一。火星上也有其他因素，即构成生命体的化学元素，以及生物体可以利用的能量来源。

火星沿着一条椭圆轨道绕太阳运行，需要687个地球日才能绕太阳一周。火星上的一天仅比地球上略长一点，一个火星日是24小时39分35秒。火星有两个小卫星，火卫一福波斯和火卫二德莫斯。

火星大气比地球大气要稀薄上百倍。但火星大气已足够

火星和地球一样，在大气中有云，在北极有冰盖。但和地球不同的是，火星表面没有液态水。

稠密，足以产生云、风等天气现象。有时，强烈的沙尘暴会覆盖整颗行星。

火星表面比任何行星都要更接近地球表面。和地球一样，火星有平原、峡谷、火山、山谷、深沟以及两极的冰盖。但和地球不同的是，火星有许多陨击坑。火星上有太阳系中最大的火山，其中最高的是奥林匹斯山，高达25千米，直径超过600千米。火星的火山山坡较缓，和夏威夷的火山类似。火星和夏威夷的火山都属于盾状火山，是由流淌很远距离后才冷凝下来的熔岩形成的。

火星赤道附近最显眼的地貌特征之一——水手谷，由一系列峡谷组成。这些峡谷延伸约4000千米，几乎相当于澳大利亚的宽度。水手谷中的单个峡谷宽达100千米，深达8~10千米。广大的河床从峡谷的东端延伸出来。这些河床表明，水手谷可能曾经被水覆盖。科学家们相信，水手谷主要是由火星地壳裂解拉伸而形成。

尽管火星和地球在某些地方很相似，但地球上的动植物无法在火星生存。火星的平均温度约为−60℃。火星两极地区的温度，在冬季可低至−125℃，但赤道地区中午的温度可高达20℃。另外，火星的空气中几乎没有氧气，而人类和动物需要氧气才能呼吸。

科学家通过望远镜研究火星已达几百年之久，至今仍没有人踏足这颗红色行星。1965年，美国的水手4号航天器从火星旁飞过，拍摄了火星表面的照片。水手4号是水手号系列航天器之一。1976年，美国的海盗1号和海盗2号航天器成为在火星着陆的首批探测器。它们拍摄照片，搜集土壤样本。1997年5月，美国的探路者号探测器在火星着陆。所有这些航天器都是在地球上通过无线电信号遥控操作的。

2004年初，

火星是距离太阳从近到远第四颗行星

奥林匹斯火山是太阳系中最高的火山，高出火星表面约25千米，覆盖了和亚利桑那州差不多大的面积。

美国将机遇号和勇气号火星车送往火星。火星车将地貌特征的照片传送回地球，并在土壤和岩石中发现火星上曾经存在液态水的证据。2006年，美国的火星轨道探察者进入环绕火星的轨道。这个飞船被设计用于研究火星的结构和大气，并为随后的着陆器和火星车寻找合适的着陆地点。

　　2008年5—11月，美国的凤凰号火星着陆器在火星表面工作。凤凰号的主要发现是在火星土壤表层下有水冰的存在。

　　2012年，火星科学实验室项目的火星车在火星表面着陆，计划开展为期98周的探测任务。这个火星车绰号好奇号，是抵达火星表面的最大的火星车。好奇号为科学家提供了清晰的证据，证明火星可能曾适合微生物生存。

　　延伸阅读： 火卫二；火星漫游车计划；火星探路者；火星科学实验室；奥林匹斯山；火卫一；行星；太空。

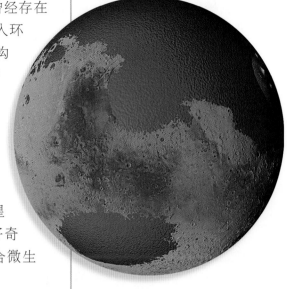

在艺术家假想的景象中，十几亿年前的火星表面散布着海洋。

火星科学实验室

Mars Science Laboratory

好奇号的自拍照，这是由其机械臂拍摄的多张照片组合而成的图像。

　　火星科学实验室是飞往火星的一个无人探测项目，其中包括六轮行驶的火星漫游车好奇号。好奇号是被送往火星最大的火星漫游车，有一辆小型汽车那么大，重达900千克，由加利福尼亚的指挥中心控制。火星科学实验室的任务是寻找能支撑生命存在的环境条件。这样的环境需要有水的存在，有阳光这样的能源存在，以及氮、磷、氧等养分。好奇号由美国国家航空和航天局与加拿大、俄罗斯以及几个欧洲国家共同建造。

　　好奇号携带许多科学仪器，包括彩色照相机以及安装在高大的顶杆上的激光器。激光器可以在距离7米之外将小块岩石气化。好奇号可以通过检测气化后的物质来测出岩石的成分。火星漫游车的车体上安装有研

究样本、检测多种化学成分的仪器。好奇号还有一只长2.1米的机械臂，可以近距离检测火星的表面，钻探岩石，铲起土壤。

好奇号在2011年发射升空，于2012年降落在盖尔环形山内。好奇号降落时使用了一种新的名为"天空起重机"的着陆系统。进入火星大气后，降落伞先使探测器减速，一组火箭随后沿着一段很长的轨迹使漫游车降落到火星表面。

延伸阅读：火星；火星漫游车计划；火星探路者；太空探索。

火星探路者

Mars Pathfinder

火星探路者是一艘美国航天器，1997年7月4日在火星着陆。在随后的3个月时间里，这个探测器不断传回火星表面的图像和其他数据。

探路者号实际上是弹跳着在阿瑞斯谷地着陆的，这是火星上古代洪水冲刷的平原。探路者号的一项任务是测试由降落伞和气囊组成的新型着陆系统。在着陆之前瞬间，气囊充气，将探测器包裹起来，这种减震措施能确保探路者在满是大圆石头的峡谷中成功着陆。

旅行者号研究火星探路者着陆地点附近的岩石。照片由探路者号拍摄。

着陆之后，探路者号释放出旅行者号火星车。这辆火星车是一个六轮行驶的机器人，可以分析火星岩石和土壤的成分。火星车环绕探路者行驶，最远驶离火星车12米。探路者号共向地球上的科学家发回16500张图像，包括火星表面的壮观彩色照片，以及在火星上观看太阳和火星卫星的景象。

探路者号发现了新的火山岩，此前科学家没有想到会在火星上发现这种岩石。此外，探路者号还发现火星早晨的天空覆盖着一层云层。

延伸阅读：火星；火星漫游车计划；火星科学实验室；太空探索。

火星漫游车计划

Mars Exploration Rover Mission

　　火星漫游车计划包括被送往火星的两辆火星漫游车。漫游车是远程控制的、可以四处行驶。两辆漫游车的昵称分别是勇气号和机遇号。它们被送上火星，研究火星上曾经存在水的相关历史情况。喷气推进实验室的科学家和工程师为美国国家航空和航天局设计并制造了这两辆漫游车。自从2004年在火星着陆以来，它们已经发现了火星表面及地下曾经存在水的确凿证据。这两辆漫游车上装备着美国和欧洲的科学家及工程师们研制的各种科学仪器。

勇气号检查火星表面的一块岩石。此图为艺术家画作。

　　2003年6月10日，美国国家航空和航天局将勇气号发射升空，7月7日，机遇号发射升空。勇气号于2004年1月4日在火星的古谢夫环形山着陆。环形山是撞击形成的盆地，是由较大的小行星或彗星撞击而形成的巨大坑洞。科学家推测，这个环形山在古代曾经是个大湖。勇气号着陆3个星期后，机遇号在子午线平原着陆，这里是火星另一侧的一个广大平原，拥有某种矿物。这种矿物在地球上只有在有水存在时才能形成。

　　勇气号和机遇号在探索过程中共行驶了6千米。原本这两辆火星车的计划任务只有90天，但随后的5年多里，勇气号和机遇号持续搜集火星表面的信息。2009年，勇气号陷入一片松软的土壤中，在继续工作两年多后，美国国家航空和航天局终止了勇气号任务。机遇号则继续研究火星表面。

　　延伸阅读： 火星；火星探路者；火星科学实验室；太空探索。

霍格

Hogg, Helen Sawyer

海伦·索耶·霍格（1905—1993）是在美国出生的一位天文学家。她以变星研究而闻名，发现了超过250颗光线经常有显著变化的恒星。霍格主要研究球状星团中的变星，她的工作包括测量许多这种恒星的周期。变星的光变周期是光从亮到暗到再变亮的时间。在某些情况下，这些信息有助于天文学家确定恒星与地球的距离。

霍格出生于马萨诸塞州洛厄尔。她于1930年与加拿大天文学家弗兰克·H.霍格结婚，1931年在马萨诸塞州坎布里奇的拉德克利夫学院学习天文学。她的著作《球状星团中的变星星表》于1939年出版。1935年，霍格成为了多伦多大学的教授，她大部分研究都在那里进行。1957年，霍格成为第一位担任加拿大皇家天文学会会长的女性。

延伸阅读： 天文学；恒星。

极光

Aurora

极光是夜空中的彩色辉光，通常出现在世界的最北方和最南方。北半球的极光称为北极光，南半球的极光称为南极光。极光的光芒呈曲线、云状和条纹状。一些极光会移动、变亮或突然闪烁。最常见的极光颜色是绿色的，但是在天上看起来位置非常高的极光可能是红色或紫色的。

太阳风到达地球时会形成极光。太阳风是来自太阳的粒子流，这些粒子含有电能。当粒子撞击围绕地球的其他粒子时，就会释放出能量。一些能量以光的形式出现。当太阳表面的猛烈喷发将比平时更多的粒子释放到太阳风中时，极光最强烈。

延伸阅读： 磁暴；太阳风；太阳。

极光的绚丽光芒照亮了阿拉斯加的夜空。

加加林

Gagarin, Yuri Alekseyevich

尤里·阿列克谢耶维奇·加加林（1934—1968）是第一个进入太空的人。他曾是苏联的空军飞行员。1961年4月12日，加加林绕地球飞行了一圈。他在轨道上待了89分钟，整个旅程持续了1小时48分钟。在这次任务中，加加林的行进速度超过每小时27000千米。在某一点上，他离地面大约327千米。加加林乘坐的宇宙飞船被命名为东方1号。

加加林于1934年3月9日出生在莫斯科附近的格扎茨克。1955年，他加入了苏联空军。1959年，他开始接受宇航员训练。1968年3月27日，他在一次飞机失事中丧生。

延伸阅读： 宇航员；轨道；太空探索。

加加林

加拿大航天局

Canadian Space Agency

加拿大航天局（CSA）是加拿大负责太空计划的政府机构。该机构创建于1989年，总部位于魁北克省蒙特利尔市东南部圣休伯特。

加拿大航天局负责五大领域：①空间科学；②空间技术；③卫星通信；④地球和环境；⑤人类在太空的存在。空间科学研究人员调查研究气候变化和空气污染等课题，他们还研究太空里的生物发展和晶体生长。空间技术工作者开发能在太空里使用的新技术。他们以后可能会使用这些技术来创造能在地球上使用的产品。其他活动包括组装和测试卫星和其他航天器。这项工作在安大略省渥太华的加拿大航天局大卫·佛罗里达实验室进行。卫星通信研究人员帮助开发新的通信技术。他们还监管对卫星通信的需求。

在地球和环境部门工作的科学家研究地球表面。他们监视自然资源条件和大气，并对其进行研究。他们使用像RADARSAT这样的设备扫描地球表面以创建地图，

RADARSAT是加拿大的地球观测卫星,于1995年发射升空。1997年,RADARSAT成为第一颗扫描并测绘南极洲全部面积的卫星。该测绘项目已经提供了许多有价值的数据,包括冰流的信息。例如,RADARSAT卫星图像显示,冰流会经过很长的距离,行进速度高达每年约900米。这些信息对于那些正在研究全球变暖的科学家来说很有帮助。

"人类在太空的存在"部门包括加拿大的宇航员计划和该国的国际空间站(ISS)计划。加拿大在1983年选拔了第一批宇航员。1984年,马克·加诺(Marc Garneau)成为第一位进入太空的加拿大人。1992年邦达尔(Roberta Bondar)成为第一位进入太空的加拿大女性。1999年,朱莉·帕耶特(Julie Payette)成为加拿大登上国际空间站的第一人。

1981年,加拿大研制了名为"遥控机械手系统"的机械臂,也被称为"加臂"(Canadarm)。该设备成为美国航天飞机项目的重要组成部分。这支机械臂被安装在航天飞机的载荷舱,用来释放、捕获和移动卫星。宇航员还使用了"加臂"作为移动工作平台。在1990年代后期,加拿大专为国际空间站设计了一只更先进的新手臂。

延伸阅读: 宇航员;邦达尔;加诺。

加拿大宇航员克里斯·哈德菲尔德(Chris Hadfield,前景)在国际空间站上的实验室摆姿势拍照,在他后边的是美国宇航员汤姆·马什本(Tom Marshburn)。

加那利大望远镜

Gran Telescopio Canarias

　　加那利大望远镜是世界上最大的望远镜之一。它坐落在西班牙加那利群岛拉帕尔玛岛一座高2400米的山顶上。

　　这是一种反射望远镜，即一种使用镜面收集和聚焦光线的望远镜。它的大镜面，也称为主镜，直径10.4米。主镜由36个较小的镜子组成。它们被装配在一起形成单个曲面。两个较小的镜面将主镜收集的光引导到几个不同相机中的一个中。这架望远镜收集可见光和红光。

　　加那利大望远镜的建设始于2000年。该望远镜于2007年7月13日首次投入使用。西班牙、墨西哥和佛罗里达大学的合作伙伴建造了望远镜，并维持其运作。

　　延伸阅读： 天文台；望远镜。

加那利大望远镜坐落在加那利群岛的一座山顶上，就在摩洛哥南部海岸的大西洋附近。

加诺

Garneau, Marc

　　马克·加诺（1949—　）是第一个进入太空旅行的加拿大人。他是加拿大皇家海军上尉。1984年10月5日至13日，加诺和6名美国宇航员一起登上了美国的挑战者号航天飞机。加诺还在1996年和2000年执行了航天飞机飞行任务。

　　加诺出生于加拿大魁北克市。他在伦敦帝国理工学院获得电气工程博士学位。加诺于1965年加入加拿大皇家海军，成为通信和武器系统方面的专家。1983年，加诺被选为加拿大首批六名宇航员之一。他于2001—2005年担任加拿大航天局的主席。加诺于2008年当选为加拿大议会议员。2015年，他被加拿大总理贾斯汀·特鲁多任命为运输部长。

　　延伸阅读： 宇航员；加拿大航天局；太空探索。

加诺

伽利略

Galileo

意大利天文学家伽利略（1564—1642）是有史以来最伟大的科学家之一。他是首先使用望远镜了解太阳系的人之一。他还发现了关于物体如何因重力而落到地面的基本规律。伽利略率先提出普通人应该享受阅读科学发现的观点。他用清晰、诙谐的意大利语而非拉丁语写作，拉丁语是他那个时代的学术语言。

伽利略出生于意大利比萨。他在比萨大学学习过医学，但他对数学更感兴趣。后来，他在比萨大学和帕多瓦大学教授数学。

在帕多瓦大学，他发展了落体定律。他证明，无论物体的质量是多少，所有物体都以相同的速度下降。当时人们认为，如果两个不同质量的物体同时从同一高度落下，那么较重的物体会首先着地。

伽利略还发现，所有物体都以相同的加速度落到地面，除非空气或其他力作用于物体从而减缓它们的速度。400多年后，美国宇航员大卫·斯科特在月球上证实了伽利略的理论。斯科特拿出一把锤子和一根羽毛，同时把它们扔了下去。由于没有空气使它们减速，羽毛跟锤子下降得一样快。

伽利略在帕多瓦时开始研究天文学。他建造了一架望远镜，用它来观察月球和各大行星。他看到月球上遍布着山脉和陨击坑。更早的学者们曾认为月球表面是光滑的。

伽利略还发现了木星的四颗最大的卫星。为了纪念伽利略，木卫一、木卫二、木卫三、木卫四有时也称为伽利略卫星。

伽利略也对地球在太空中的运动产生了兴趣。当时几乎所有人都相信太阳和其他行星在围绕地球运动，而地球静止不动。但伽利略同意波兰天文学家尼古拉斯·哥白尼的观点。哥白尼说——没错——所有的行星，包括地球，都在围绕太阳运动。

1632年，伽利略完成了关于宇宙结构的最完整的著作，它被称为《关于两大世界系统的对话》。在这本著作中，他支

伽利略

持哥白尼的理论。当时，罗马天主教会认为地球是宇宙的中心。1633年，教会谴责伽利略违反其教义。教会判他有罪，把他软禁在家中度过了余生。然而，1992年，教会承认谴责伽利略是一个错误。

延伸阅读：天文学；哥白尼；引力；木星；行星；太阳系；望远镜。

伽利略航天器

Galileo spacecraft

伽利略号是一艘用于观察木星及其卫星和光环的航天器。美国国家航空和航天局于1989年10月18日发射了伽利略号航天器。这艘航天器于1995年12月7日至2003年9月21日在木星轨道上运行。它以意大利天文学家和物理学家伽利略的姓氏命名，伽利略在1610年发现了木星的四颗最大的卫星。

在前往木星的途中，伽利略号拜访了小行星加斯普拉（951号）和艾达（243号）。小行星是一种岩石或金属天体，比围绕太阳运行的行星要小。

在到达木星的5个月前，伽利略号释放了一个较小的探测器。在伽利略号到达木星的那一天，这个探测器冲入了木星的大气层。在强烈的热量让探测器停止工作之前，探测器有一小时的时间能够研究木星大气。最终，整个探测器熔化并蒸发了。这个探测器的主要发现之一是木星的化学成分与太阳的原始成分是相似的。这一发现提供了证据，证明木星在形成时更接近太阳，然后随着时间推移而移动得越来越远。这一发现还提供了木星是一颗"失败恒星"的证据，这类天体没有足够的质量，因而无法变成恒星。

伽利略号对木星四大卫星的观测带来了许多惊喜。例

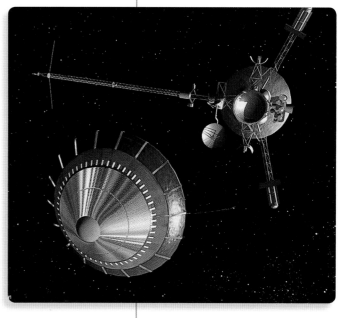

伽利略号航天器研究了木星八年。它发射了一个小型探测器（左），探测器冲进了木星的大气层，收集有关该星球化学成分的数据。

如，伽利略号发现木卫一上的火山比地球上的火山更热。木卫四表面覆盖着一层黑色的光滑材料；木卫三具有致密的内核和磁场；木卫二的冰表面纵横分布着条纹和山脊。木卫二上某些地方的冰似乎已经破碎成块。后来的研究证实，这些特征是由这颗卫星表面下方的液态海洋引起的。

美国国家航空和航天局原本设计伽利略号只在木星轨道上工作两年时间。但该航天器在近八年里一直在提供有价值的信息。最终，伽利略号的燃料不足了。美国国家航空和航天局于2003年9月2日故意让伽利略号撞进木星大气层，这样做是为了避免伽利略号撞到并污染木卫二的风险。许多科学家认为木卫二可能存在我们所知道的生命形式。

延伸阅读：木卫四；伽利略；木卫三；木卫一；木星；太空探索。

焦德雷·班克天文台

Jodrell Bank Observatory

焦德雷·班克天文台是世界顶尖的射电天文台之一。射电天文台观察射电波，而不是可见光。焦德雷·班克天文台位于英格兰曼彻斯特附近，是曼彻斯特大学的科研和教学场所。1957年，世界第一个巨型射电望远镜洛弗尔望远镜在这里启用，其碟形反射盘面的直径达76.2米。碟形盘面将射电波汇聚到中心的接收天线上。

焦德雷·班克天文台的天文学家研究脉冲星。脉冲星是爆炸的恒星留下的残骸。大多数脉冲星发出脉动式的射电波，像是嘀嗒作响的钟表发出声音脉冲一样。焦德雷·班克天文台的科学家也研究星系里的尘埃和气体。通过射电望远镜网络默林（MERLIN），焦德雷·班克

洛弗尔望远镜中心的天线将碟形反射盘面收集到的射电波转变成电信号。天文学家通过分析电信号来研究发出射电波的天体。

天文台的天文学家们已绘制了天空中许多射电源的分布图。这些天体包括遥远的星系，以及明亮的类星体即辐射出巨量能量的星系。

延伸阅读： 天文台；脉冲星；望远镜。

金牛座

Taurus

金牛座是一个星座，也称为公牛座。北半球的大部分地区可以看到金牛座，12月到第二年2月是最佳观赏时间。

金牛座有很多画法。它通常包括一个Y形的星群，这些星代表牛头和长角，其他的星可以代表身体。

金牛座有几个有趣的地方。牛背上方是昴星团，这是一个著名的星团。金牛座还包含一个著名的蟹状星云，蟹状星云是一颗爆炸恒星的遗骸。公元1054年，人们在地球上看到了这次爆炸。

金牛座是古希腊数学家托勒玫定义的48个星座之一。如今，它也是国际天文学联合会确认的88个星座之一。

延伸阅读： 占星术；星座；星云；托勒玫；恒星；黄道带。

金牛座里有也许是最著名的一个星团——昴星团。

金星

Venus

金星是离太阳第二远的行星，仅次于水星。金星在距离太阳约1.082亿千米的轨道上运行。

人们不需要用望远镜就能看到金星。从地球上看，金星比夜空中的任何星星都要亮。在一年中的某些时候，金星是早上东方天空中天色大亮前仍能看到的那颗星。在其他时间，它是傍晚在西方天空可以看到的第一颗星。金星发出如此耀眼的光芒，以至于早期的天文学家以罗马爱与美之女神维纳斯的名字命名它。

金星有时称为"地球的孪生星球"。金星比其他任何行星离地球都更近。在最近的时候，它距离地球大约3820万千米。金星和地球的大小也差不多。然而，与地球不同，金星没有卫星。

科学家认为，在大约40亿年前，金星曾经更像地球。那时，太阳不像今天这样又亮又热。那个时候，金星可能温度适中，有流水，甚至有海洋。但是随着时间的推移，太阳变得越来越亮，越来越热，金星也变得越来越热，不像地球了。

金星现在是太阳系中最热的行星，表面温度约为460℃。它的大气层主要由二氧化碳气体构成。二氧化碳将来自太阳的热量束缚在接近地面的地方。

金星的大气层比地球的大气层厚得多也重得多。大气的重量对金星施加了令人难以置信的压力，如果一个人试图站在金星表面，他很快就会被压碎。

漂浮在大气中的是浓硫酸云。硫酸腐蚀性极强，能溶解金属。从送往金星的探测器得到的一些发现表明，这些云可能会产生硫酸雨。但是金星的热量太多了，雨滴在到达地表之前就蒸发了。

金星的云层使得天文学家很难了解这颗行星的表面。科学家依靠地球上的科学仪器和太空探测器探索金星。利用这些设备，天文学家们发现了许多有趣的地貌，包括平原、山脉、峡谷和山谷。金星是太阳系中最平的行星。平坦的平原覆盖了大约65%的表面。成千上万的火山点缀着这些平原，这些火山的直径在0.8~240千米之间。金星的六个山区约占金星表面的35%。其中一条名为麦克斯韦的山脉，高约11千米，比地球上最高的山峰珠穆朗玛峰还要高。它绵延870千米，是金星上最高的地貌。金星表面也点缀着一些环形山。当小行星或其他小天体撞击行星时，就形成了这些碗状的坑。金星的环形山比月球、火星和水星的要少。这一事实表明，金星目前的表面还不到10亿年。

金星上的许多地表特征与地球上的没有任何类似之处。

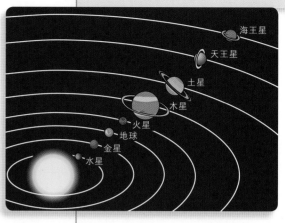

金星是离太阳第二远的行星。

在这幅计算机生成的图像中突出了金星表面的特征。这一图像根据苏联"金星13号"和"金星14号"宇宙飞船收集的信息生成。

例如，金星有同心圆环凹地。这些环状结构直径150～580千米。科学家认为，行星内部的热物质上升到表面时形成了这些同心圆环凹地。金星上也有镶嵌地块，它们是隆起的地块，分布在有许多形成于不同方向的山脊和山谷的区域。

金星绕太阳运行的轨道几乎是一个完美的圆，而太阳系中其他行星的轨道都为椭圆。金星上的一天比一年还要长。金星绕太阳一周大约需要225个地球日，但是金星自转非常慢，自转一次需要243个地球日。在金星上，一天比一年还长18个地球日。

金星表面的这一环形山直径约37千米宽，其中心有低洼黑暗的区域。这个陨击坑是很久以前由一颗巨大的陨石撞击表面时形成的。

没有太空旅行者去过金星。然而，科学家派出过航天器去探索这颗行星。1962年，第一艘经过金星附近的航天器是"水手2号"。美国和苏联各自向金星轨道发射了其他几艘航天器。一些苏联航天器甚至降落在其表面。

2005年，欧洲空间局发射了金星快车探测器。探测器的设计目的是研究金星的大气层，并扫描金星表面以寻找火山。探测器于2006年4月开始绕金星运行。2010年，金星快车的科学家宣布他们发现了"最新"火山活动的证据。他们说这种活动可能就发生在几百年前，但是也可能发生在250万年前。

延伸阅读：昏星；陨击坑；行星；凌；火山。

近地天体计划

Near-Earth Object Program

近地天体计划追踪太空里接近地球的天体。该计划识别跟踪在地球轨道附近绕太阳运动的彗星和小行星，这些彗星和小行星称为近地天体。该计划由分布在世界不同地方的几个较小的计划组成。

太阳系的历史上，不同天体之间发生过许多次碰撞。地球诞生以来被无数颗小行星和彗星击中过，其中一些影响足以改变全球的气候。许多科学家认为这类碰撞中的一次造成了恐龙灭绝。

该计划的主要作用是确定是否有什么近地天体可能袭击地球。1998年，美国国家航空和航天局开始行使它作为太空卫队成员的职责。太空卫队是世界多个国家和机构组成的一个组织，在全球跟踪近地天体。这些国家包括澳大利亚、意大利、日本和英国。该计划的第一个目标是在2008年底之前发现并跟踪超过90%的大于1千米的近地天体。在完成该任务后，太空卫队开始专注于发现90%的大于140米的近地天体。截至2013年中期，该计划已发现9858个近地天体，其中至少860个直径约为1千米。

延伸阅读： 小行星；彗星；陨击坑。

彗星C/200Q4于2001年8月24日由近地小行星跟踪系统发现，该系统是近地天体计划的一个分支。该计划识别并跟踪在地球轨道附近围绕太阳运动的彗星和小行星。

巨蟹座

Cancer

巨蟹座是夜空中的一个星座，它也被称为螃蟹。Cancer这个词在拉丁语中指的就是螃蟹。北半球大部分地方都可以看到巨蟹座，最好的观测时间是1—4月。

巨蟹座往往被画出5颗恒星。可以把中央的一颗恒星跟其他3颗星连线，其中一根线穿过剩下的那颗恒星。巨蟹座里的恒星都相当暗淡。明亮的城市灯光让巨蟹座很难被看到。

延伸阅读： 占星术；星座；黄道带。

巨蟹座，也叫螃蟹，是位于北天球的一个星座。但它很难在灯火通明的城市看到。

K

卡西尼

Cassini, Giovanni Domenico

乔凡尼·多美尼科·卡西尼 (1625—1712) 是出生于意大利的法国天文学家。他发现了土星的四颗卫星，还发现了土星光环上如今被称为卡西尼环缝的巨大缝隙。美国的一架太空探测器被以卡西尼的姓氏命名，该探测器帮助科学家了解了土星卫星及其光环系统的起源和历史。

卡西尼还以制作太阳在天空中的运动数据表而闻名。他计算出了地球和太阳之间的距离。卡西尼对木星的观测结果极其精确，他可以判断木星卫星在木星表面投射处的阴影以及木星表面固定阴影之间的差别。卡西尼利用固定阴影来确定木星上一天的长度，即其自转周期。

卡西尼生于意大利北部佩里纳尔多。1650年，他成为博洛尼亚大学天文学教授。1669年，他移居巴黎，成为巴黎天文台的第一任台长。1673年，他加入法国国籍。

卡西尼

延伸阅读： 天文学；卡西尼号；木星；卫星；土星。

卡西尼号

Cassini

卡西尼号是被派往土星研究土星、土星光环及其卫星的第一艘航天器。它从2004年到2017年一直在环绕土星轨道运行，给我们提供了最壮观的画面，还收集了关于这个行星当时最为详细的信息。它还研究了土星的磁层，即起源于这个行星的强磁场的区域。美国国家航空和航天局在1997年10月15日发射了卡西尼号。

美国国家航空和航天局喷气推进实验室的工程师们和科学家们制造了卡西尼号。意大利航天局提供了一架大型天线和其他几种组件。该航天器以意大利出生的法国天文学家卡西尼的姓氏命名,他在17世纪末做出了关于土星的重大发现。

卡西尼号携带了一个"惠更斯号"探测器。欧洲空间局设计和建造了惠更斯号,它将下降到土星最大的卫星即土卫六泰坦的大气层中。这个探测器装备了用来研究土卫六的大气层和表面的仪器。探测器以荷兰物理学家、天文学家和数学家惠更斯的姓氏命名,他在1655年发现了土卫六。

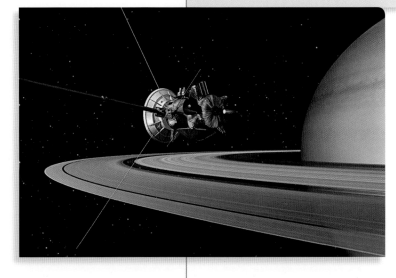

卡西尼号探测器于2004年开始环绕土星运行。

卡西尼号的一些研究集中在土星大气层和内部。其他一些观测发现了土卫六上的湖泊,还有另一个卫星土卫二恩克拉多斯上的间歇喷泉。

卡西尼号还调查了光环系统和较小的一些卫星,以帮助科学家理解卫星和光环系统的起源和演化。2006年,卡西尼号发现了光环内轨道上存在微小"小卫星"的证据。

卡西尼—惠更斯号仔细研究土卫六的原因有两个:(1)它是太阳系中最大的卫星之一;(2)它具有所有卫星里最厚的大气层。土卫六的大气层主要由氮组成,还有一层类似烟雾的厚厚的阴霾。可见光不能穿过这层阴霾,所以卡西尼号携带了可以穿透那里大气层的雷达。飞船上还必须配备使用专门滤光片的相机,使它们能够拍摄土卫六表面。

2004年12月25日,卡西尼号释放了惠更斯号探测器,它

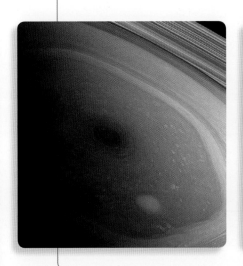

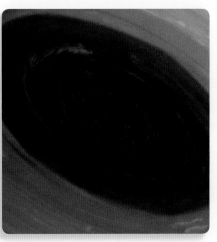

在卡西尼号拍摄的土星伪彩色图像中,这个暗红色区域(左图)是一个覆盖土星北极的巨大风暴的中心,就像一只巨怪的眼睛。支撑这只跨度2000千米眼睛的是六边形的风系(黄绿色)。在由卡西尼号拍摄的更近的图像里,风暴(红色,右图)下方云层里的风速超过了每小时150千米。

在2005年1月14日到达土卫六大气层。随着探测器乘降落伞下降，在2.5小时内，它分析了大气的化学成分，记录了声音，还测量了风速。土卫六的阴霾在大约30千米高空处消失了，此时探测器的照相机能够拍摄土卫六表面。发回的图像显示了土卫六看起来已被液态甲烷和乙烷的降雨刻蚀的地貌。随着探测器落地，惠更斯号成为第一艘登陆土卫六的探测器。

许多科学家认为，土卫六表面上这些被称为有机化合物的化学物质，也许能够支持生命存在。卡西尼号还发现了在土卫六的表面之下存在液态水海洋的证据。地球上一切生物都需要利用液态水才能生存，水的存在提高了这个地下海洋存在生命演变的可能性。

卡西尼号在2008年完成其主要任务后，美国国家航空和航天局批准了两项扩展任务，使其又持续工作了9年。当卡西尼号探测器在2017年快要耗尽燃料时，任务规划者让它在土星上坠毁了。

延伸阅读： 卡西尼；欧洲空间局；美国国家航空和航天局；卫星；土星；太空探索；土卫六。

在卡西尼号拍摄的紫外光伪彩色图像（左上图）中，可见黑暗的太空中土星光环的辉光。红色区域表示较薄的环，可能比较冷的青绿色环有更多的灰尘和岩石颗粒。右上图是由卡西尼号拍摄的45张照片组合而成，展现了土星和土星光环系统的自然色。在背向太阳方向，土星巨大的阴影投射在土星光环之上。

在这张土星光环侧面的图像中，土卫六看起来就像串在土星光环上的一颗宝石。土星下方的彩带是土星光环系统投射的影子。

开普勒

Kepler, Johannes

约翰内斯·开普勒 (1571—1630) 是德国天文学家和数学家。他帮助人们改变了对太阳系许多长期固有的错误认识。

开普勒发现了用以解释行星围绕太阳运动的三定律。英国科学家牛顿后来运用开普勒的定律提出了万有引力定律。万有引力，也叫地心引力，它将行星保持在绕太阳运行的轨道上，也使你的脚牢牢地站在地面上。

开普勒是最早支持波兰天文学家哥白尼的日心说的天文学家之一。哥白尼推测行星绕太阳公转，而在当时，人们相信太阳是围绕地球运行的。

开普勒最重要的发现是行星沿着椭圆形轨道绕太阳运行。这一发现否定了两千多年以来人们一直持有的行星沿圆形轨道运行的观念。1609年，开普勒的这一相关研究结果在其著作《新天文学》中公开发表。

开普勒对包括光学在内的其他科学领域也做出了重要贡献。比如，他解释了棱镜的作用原理。

开普勒生于德国斯图加特附近的维尔。

延伸阅读： 哥白尼；引力；开普勒航天器；轨道；行星；太阳系。

开普勒

开普勒航天器

Kepler spacecraft

开普勒航天器是一架太空望远镜，用于搜寻太阳系以外环绕其他恒星运行的行星。科学家将这类行星称为"太阳系外行星"或"系外行星"。

开普勒航天器使用一个直径约1.4米的主镜收集恒星发出的光，通过42个CCD (电荷耦合器件) 传感器来测量光强。数码相机中也使用这样的设备。

开普勒航天器搜寻行星从恒星前经过导致的恒星亮度

的微小变化。这类事件称为"凌星"。微弱的亮度变化可持续几小时到16小时不等。开普勒航天器跟踪重复发生的凌星现象。间隔相同时间后反复发生的凌星现象可能是由于行星的存在。开普勒航天器可以同时监测数千颗恒星。

开普勒航天器的主要目标是发现与地球相似的、在恒星的宜居带内运行的较小的石质行星。宜居带内，适宜的温度使行星上有存在液态水的可能。科学家认为，液态水是我们已知生命形态所必需的条件。开普勒航天器帮助科学家们发现了20多颗位于其恒星宜居带内的系外行星。

开普勒航天器还能帮助科学家更好地理解宇宙中行星系统的多样性。开普勒航天器已经发现了上千颗系外行星，它们以各种各样的轨道环绕各式各样的恒星运行。

美国国家航空和航天局于2009年3月将开普勒航天器发射升空。几个月后，它便开始了观测工作。开普勒航天器位于地球绕太阳运行的轨道上，但位置要靠后一些。

开普勒航天器是以德国天文学家、数学家开普勒的姓氏命名的。开普勒发现了行星运动三定律，这些定律描述了行星环绕太阳的运动。

延伸阅读：太阳系外行星；宜居带；开普勒；太空探索；凌。

在佛罗里达州某处，技术人员正准备给开普勒航天器进行危险的燃料加注操作。技术人员穿着防护服，以防止灰尘和其他微粒污染航天器。

凯克天文台

Keck Observatory

凯克天文台有两座巨型望远镜，它位于夏威夷岛上的死火山——莫纳克亚山上。在这个天文台上，天文学家研究行星、恒星以及天空中的其他天体。凯克望远镜是世界上最大的光学望远镜之一。

除了可见光之外，凯克望远镜还收集太空中的红外光。天文台有望远镜凯克I和凯克II。凯克I和凯克II是反射望远镜，它们各自用巨大的镜面来收集和会聚光线。

每一个镜面实际上都是由36块小镜面组成的，这36块镜面共同构成了一个直径10米的反射镜。两个望远镜有时一起工作，这时它们就像一台大型望远镜一样。

凯克I在1992年完工，凯克II则建于1996年。这个天文台的全称是W.M.凯克天文台，以美国商人威廉·米隆·凯克设立的慈善基金会的名字命名。W.M.凯克基金会资助了天文台的建设。

延伸阅读：天文台；望远镜。

莫纳克亚山顶的凯克天文台的双圆顶。周围是其他一些望远镜，包括昴星团望远镜（中间）和亚毫米波阵列（左侧）。

坎农

Cannon, Annie Jump

安妮·江普·坎农（1863—1941）是她那个时代美国主要的天文学家之一。

1896年，她加入了哈佛大学天文台的工作团队。她与那里的其他天文学家一起发展出了一种按恒星发光的颜色分类恒星的方法。她用这种方法给超过350000颗恒星做了分类。坎农分类法至今仍在使用。坎农还发现300颗变星（亮度会变化的恒星）、5颗新星（正在爆炸的一类恒星）和一组双星。双星是在轨道上相互绕转的一对恒星，它们通过引力保持相互绕转的状态。

1925年，坎农获得英国牛津大学荣誉博士学位，成为了第一位获得该校荣誉博士学位的女性。她出生在特拉华州多佛市。

延伸阅读：天文学；双星；恒星。

坎农

康普顿伽马射线天文台

Compton Gamma Ray Observatory

康普顿伽马射线天文台是一颗用来研究来自太空的伽马射线的人造卫星。伽马射线是一种高能量的不可见光，多种大质量天体都会发出伽马射线，包括太阳和类星体。康普顿伽马射线天文台在天空中发现了许多新的伽马射线源，但天文学家还不了解这些射线来源于哪一种大质量天体。

天文学家使用在地球轨道上运行的望远镜来研究来自太空的伽马射线，因为地球大气层会吸收大多数这类射线。探测可见光的望远镜一般使用透镜片或反射镜面，但伽马射线能量太高，它们会直接穿过大多数材料，所以观测伽马射线的望远镜使用了一种专门的探测器。

1991年，美国国家航空和航天局用亚特兰蒂斯号航天飞机发射了康普顿伽马射线天文台。这座天文台是以美国物理学家康普顿的姓氏命名的，康普顿与他人一同获得1927年诺贝尔物理学奖。他获奖的原因与X射线工作有关，而X射线与伽马射线类似。

2000年6月，美国国家航空和航天局指挥康普顿伽马射线天文台返回地球，以便将其摧毁。当它降落时，其大部分在大气层中被烧毁，其余部分溅落在太平洋上。此前，工程师们已经确定，这颗卫星可能失控并在有人居住的区域坠毁。因此，美国国家航空和航天局的官员决定结束该天文台的任务。

康普顿伽马射线天文台是美国国家航空和航天局进入轨道的"四大天文台"之一。其他的分别为：哈勃太空望远镜，于1990年发射；钱德拉X射线望远镜，于1999年发射；斯皮策太空望远镜，于2003年发射。

延伸阅读：伽马射线；哈勃太空望远镜；天文台；人造卫星；望远镜。

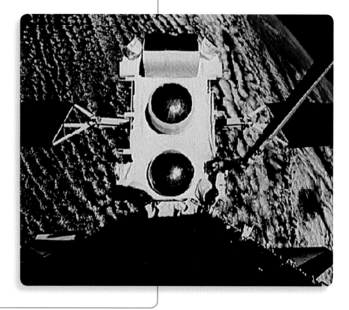

1991年，康普顿伽马射线天文台正从亚特兰蒂斯号航天飞机上入轨。

柯林斯，艾琳·玛丽

Collins, Eileen Marie

艾琳·玛丽·柯林斯（1956— ）是美国第一位指挥航天飞机的女性。她在1999年7月23日至28日指挥了哥伦比亚号航天飞机的一次飞行任务。在这次飞行中，航天飞机发射了钱德拉X射线天文台，它带有一架在地球轨道上运行的望远镜。柯林斯还在2005年7月26日至8月9日指挥了发现号航天飞机，那是自2003年哥伦比亚号事故后的航天飞机项目的第一次飞行。

柯林斯出生在纽约州埃尔迈拉市。她1978年在雪城大学获得了数学和经济学的学士学位。她还获得过两个硕士学位，一个是1986年斯坦福大学的运筹学，一个是1989年韦伯斯特大学的空间系统管理。

柯林斯在1978年加入了美国空军，并在1991年成为一名宇航员。在1991年之前，她曾经是一名试飞员，也是空军学院的数学讲师。她2005年从空军退役时，已经达到上校军衔，2006年她也从宇航员项目退役了。

延伸阅读：宇航员；哥伦比亚号事故；太空探索

柯林斯

柯林斯，迈克尔

Collins, Michael

迈克尔·柯林斯（1930— ）是一名美国宇航员，他是阿波罗11号任务的一名成员。这项任务第一次把人送到月球上。柯林斯当时驾驶着指令舱哥伦比亚号在轨道上绕月球转。他的同伴宇航员阿姆斯特朗和奥尔德林于1969年7月20日在月球上登陆。

柯林斯出生于意大利罗马。他于1952年从纽约州美国西点军校毕业，成为空军军官。他1963年成为了宇航员。柯林斯在1966年驾驶过双子星10号进入太空飞行。他于1969年从宇航员项目退役。从1971年到1978年，柯林斯是史密森学会

迈克尔·柯林斯

国家航空航天博物馆馆长。柯林斯写了几本有关太空旅行的书。《烈火雄心：一个宇航员的旅程》（1974年）是他宇航员经历的回忆录。

延伸阅读：阿姆斯特朗；宇航员；月球；太空探索。

柯伊伯

Kuiper, Gerard Peter

柯伊伯（Kuiper, 1905—1973）是荷兰裔美籍天文学家，他对行星进行了重要的研究。20世纪60年代中期，他因在美国太空项目中的工作而逐渐为人所知。柯伊伯是徘徊者太空计划的主要科学家之一。这个项目提供的月球的首批近距离照片曾帮助科学家为美国宇航员选择登月着陆地点。柯伊伯的其他成就包括发现海王星的第二颗卫星和天王星的第五颗卫星。柯伊伯带是位于海王星轨道之外遍布石质天体的区域，用他的姓氏来命名。这个区域有几颗著名的矮行星，比如冥王星和阋神星。

柯伊伯生于荷兰阿尔克马尔附近的哈伦卡尔斯佩尔。1933年，他在国立莱顿大学获得博士学位，当年晚些时候移居美国。1936年至1960年，他在芝加哥大学工作，之后成为亚利桑那大学月球和行星研究所所长。

延伸阅读：天文学；柯伊伯带；月球。

柯伊伯带

Kuiper belt

柯伊伯带是太阳系外围的一群天体构成的区域。这些天体称作柯伊伯带天体或柯伊伯天体，它们可能由冰和岩石构成。科学家们相信，柯伊伯天体是行星形成过程中残余的物质。天文学家们认为，直径大于1000米的柯伊伯天体可能多达1000亿个，直径超过100千米的可能超过10万个。一些柯伊伯天体足够庞大，甚至可被看成是矮行星。

大多数柯伊伯天体环绕太阳的运行轨道都在海王星之

外。冥王星是较大的柯伊伯天体之一，另外一个较大的是阋神星。有些柯伊伯天体会成为彗星。这些天体与海王星的距离过近，而被海王星的引力抛向太阳。当接收到足够多的热量时，一些冰块会融化为气体，这些天体就可能会变为彗星。

爱尔兰科学家肯内斯·E. 艾奇沃斯最先提出存在柯伊伯天体。1951年，荷兰裔美籍天文学家柯伊伯对柯伊伯天体做了详细描述，柯伊伯带正是以他的姓氏命名的。美国2006年发射的新视野号探测器在2015年造访了冥王星，于2019年飞掠另外一个柯伊伯天体。

延伸阅读：矮行星；阋神星；柯伊伯；海王星；新视野号；冥王星；太阳系。

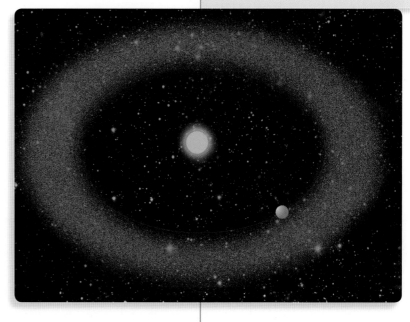

柯伊伯带位于海王星的轨道之外（图中天体的大小和它们之间的距离不是按实际比例画的）。

科罗太空望远镜

COROT

科罗是一架太空望远镜，它被用来研究遥远恒星的内部奥秘和搜寻太阳系外行星。科罗太空望远镜是由法国等一些国家和欧洲空间局共同研制的。它在2006年12月发射升空，在2007年1月返回了第一幅图像。科罗太空望远镜的任务规划者原本打算让它工作两年半，但它的寿命实际上延长了好几倍。在2013年它无法正常运作之后，工程师们才最终关闭了它。

科罗太空望远镜"科罗"的英文名称（COROT）是"对流、自转和行星凌"（Convection, Rotation, and Planetary Transits）的缩写词。天文学家可以通过研究源自恒星内部的振动来了解恒星的内部情况。科学家们利用这种信息的方式跟地质学家利用地震的振动信息来了解地球内部的方式几乎完全相同。对于一颗恒星来说，振动会产生微小的亮度变化。天文学家通过测量这些变化，对恒星的内部进行建模。

科罗太空望远镜还用于搜寻太阳系之外的行星（简称"系外行星"）。当行星在轨道上运行到它的母星和地球之间时，望远镜探测到的亮度会出现下降。这类事件被称为"凌"。

天文学家们用地球上的望远镜检测"凌"来发现和研究系外行星，但是地球大气层也会改变到达表面的星光，这就限制了天文学家看到微小亮度变化的能力。因为科罗太空望远镜远在地球大气层之外进行观测，所以它可以检测到极小的亮度下降。2009年，科罗研究团队宣布发现了第一颗拥有岩石表面的系外行星。2010年3月，宣布发现了温度和化学成分都类似太阳系行星的一颗行星。

延伸阅读： 欧洲空间局；太阳系外行星；望远镜；卫星；恒星；凌。

科罗太空望远镜卫星由欧洲空间局于2006年发射，用于搜索围绕遥远恒星运行的行星。

克拉克

Clarke, Arthur C.

1982年，克劳斯亲王授予克拉克马可尼国际基金会奖。

阿瑟·C.克拉克（1917—2008）是一位出生于英国的科幻小说作家。克拉克的小说以其科学的准确性和先进的技术而闻名，其中包括为太空航行而设计的太空电梯和可供几代人持续使用的太空飞船。在人类进入太空时代之前很多年，他就在作品中描述了通信卫星。克拉克的书《太空探索》（1951年）令太空旅行的观念在20世纪50年流行起来。

克拉克的小说包括《童年的终结》（1953年），这是他最好的单本作品；还

有《城市与群星》（1956年）、《与拉玛相会》（1973年）和《天堂的喷泉》（1979年）。他的非虚构作品包括《星际飞行》（1950年）、《海洋的挑战》（1960年）、《未来的轮廓》（1962年）、《塞伦迪普景观》（1977年）和《令人惊奇的日子：科幻小说自传》（1990年）。

　　与电影导演斯坦利·库布里克（Stanley Kubrick）合作，克拉克写了电影剧本《2001：太空漫游》（1968年）。他接下来又写出了系列小说《2010：太空漫游之二》（1982年）、《2061：太空漫游之三》（1988年）以及《3001：最后的太空漫游》（1997年）。他的短篇小说发表在《故事集》（2001年）中。

　　克拉克出生在英格兰萨默塞特郡。他十几岁时成了一个科幻迷。在20世纪50年代中期，出于对潜水的热爱，他在锡兰（今斯里兰卡）定居。1998年，他被英国女王伊丽莎白二世封为爵士。

　　■ 延伸阅读： 通信卫星；太空探索

肯尼迪航天中心

Kennedy Space Center

　　肯尼迪航天中心是一处航天器发射场，全称是美国国家航空和航天局约翰·F.肯尼迪航天中心。它位于佛罗里达东海岸梅里特岛上，对面是卡纳维拉尔角。航天中心曾经位于卡纳维拉尔角，因此人们有时将其称作卡纳维拉尔角航天中心。

　　美国国家航空和航天局在肯尼迪航天中心测试、检修和发射航天器，航天中心的部分区域对公众和旅游者开放。

　　■ 延伸阅读： 美国国家航空和航天局；太空探索

发现号航天飞机离开肯尼迪航天中心的航天器组装大楼，发射升空，前往国际空间站。

L

拉普拉斯

Laplace, Marquis de

拉普拉斯（1749—1827）是法国天文学家和数学家。在他的《宇宙体系论》（1796年）中，拉普拉斯对太阳系的起源做了阐述。他认为，一个巨大的圆盘状气体云团旋转、冷却、收缩，甩出行星和卫星，残余的物质构成了太阳。拉普拉斯的理论长期被科学家们认可，但现在已被其他理论替代。

拉普拉斯

拉普拉斯还在数理天文学上有很多贡献，他帮助人们理解天体的复杂运动。在《天体力学》（1799—1825）一书中，他记录了自牛顿时代以来的许多天文学进展。

拉普拉斯生于法国博蒙昂诺日，20岁时就成为巴黎的数学教授，可能在1817年，他被封为侯爵。

延伸阅读： 天文学；行星；太阳系。

莱德

Ride, Sally Kristen

莎莉·克里斯汀·莱德（1951—2012）是第一位到太空旅行的美国女性宇航员。1983年6月，她和其他四名宇航员在挑战者号航天飞机上进行了为期六天的飞行。在飞行过程中，莱德帮助发射了卫星，还进行了实验。莱德于1984年10月又搭乘挑战者号进行了第二次航天飞机飞行。在那次任务中，她帮助发射了另一颗卫星。

　　莱德原本计划于1986年进行第三次飞行。然而，挑战者号在那年的一次事故中被摧毁。莱德被分配到一个专门的小组调查事故。

　　莱德出生于洛杉矶。她于1978年获得物理学博士学位。同年，她被选为宇航员。从1987年开始，她在斯坦福大学和加州大学圣地亚哥分校任教。她还担任加州太空研究所所长。2003年，莱德参与调查哥伦比亚号航天飞机的失事情况，该航天飞机在返回地球时解体。

延伸阅读： 宇航员；挑战者号事故；太空探索。

莱德

蓝巨星

Blue giant

蓝巨星的亮度可能是太阳的20000～50000倍，质量大小是它的25～50倍。

　　蓝巨星是一类会发出蓝白色光芒的大而明亮的恒星。蓝巨星的亮度可能是太阳的数万倍。最大的那些蓝巨星称为蓝超巨星。

　　蓝巨星的颜色来自其表面的高温度，它们往往大于15000℃。我们能看到的那部分太阳的温度约为5500℃。

　　银河系中几乎没有恒星是蓝巨星。但蓝巨星发出的光是如此明亮，从很远处就可以看得到它们。因此，我们可以在夜空中看到许多蓝巨星。室女座中最亮的星——角宿一可能是最著名的蓝巨星。

　　蓝巨星会比其他恒星更快地燃尽其燃料。一颗蓝巨星可能在数千万或数亿年里就会用光它所有燃料，相比之下，太阳可能会燃烧大约100亿年。当一颗蓝巨星燃料耗尽时，它会变成叫作红超巨星的另一种恒星。

　　因为蓝巨星燃烧得如此迅速，所以我们能看到的所有蓝巨星肯定都相当年轻。事实上，天文学家正在寻找蓝巨星，从而找到新的恒星正在形成的地方。

延伸阅读： 红巨星；恒星。

蓝月亮

Blue moon

  蓝月亮是一个有多种定义的术语。根据现代的定义，蓝月亮是在一个有两次满月的公历月中的第二个满月。根据一个较古老的定义，蓝月亮是公历一个有四个满月的季节里的第三个满月。20世纪初，美国缅因州农民年历发布了根据较老定义确定的出现蓝月亮的日期。较新的定义源于1946年的《天空与望远镜》杂志。其他出版物采用了该定义，许多人也都接受了它。1999年，《天空与望远镜》发表了一篇文章，解释说1946年的定义源于对缅因州农民年历的误读。

  蓝月亮的定义决定了它带有地域性。因为时差的关系，在某些地方是蓝月亮，同一时间在其他一些地方并不是。

  早在1528年，蓝月亮这个词就被用来形容一种愚蠢的信念。后来，人们将极为罕见的事件称为"出蓝月亮时出现的事"。

  延伸阅读： 月球。

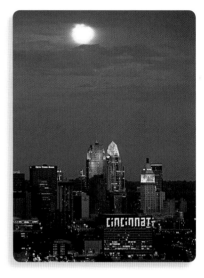

2012年8月31日，蓝月亮照耀着俄亥俄州辛辛那提。

老人星

Canopus

老人星（右）是地球夜空中亮度排名第二的恒星。只有天狼星比它更亮。

  老人星是地球夜空中排名第二的亮星，只有天狼星比它更亮。老人星是船底座里最亮的恒星，它也被称为船底座阿尔法。老人星位于南半球的夜空，但是北半球远至美国南部和非洲北部海岸都可以看到它。

  老人星是一颗黄白色超巨星，这是一种非常大的恒星。其黄白色的外观来自它高达8000℃的表面温度。由于老人星个头很大，它发出的光线强度约相当于太阳的1.5万倍。

  天文学家并不完全了解黄白超巨星是如何形成的，但这类恒星看上去与个头大但温度相对低、被称为红巨星的恒星有关。老人星过去可能是一颗红巨星，也可能正处于成为一颗红巨星的过程中。

延伸阅读：红巨星；天狼星；恒星。

勒维特

Leavitt, Henrietta Swan

亨瑞塔·斯旺·勒维特（1868—1921）是美国天文学家。她的研究工作帮助后来的天文学家确定了宇宙的大小。

勒维特因其对麦哲伦云中造父变星的研究而出名。造父变星是一类亮度随时间有规律变化的恒星。这种变星的光变周期是指其亮度从亮到暗再重新变亮所需的时间。勒维特发现，光变周期较长的造父变星通常比那些周期较短的造父变星更明亮。一般情况下，这种差异可以用来测量我们到不同恒星或星系之间的距离。

勒维特出生于马萨诸塞州兰开斯特。1892年，她毕业于女子高等教育协会（今拉德克利夫学院）。1902年到哈佛大学天文台工作，直到退休。

延伸阅读：天文学；麦哲伦云；恒星；宇宙。

类星体

Quasar

类星体是位于某些星系中心的一类非常明亮的天体。有些类星体的亮度高达太阳的1万亿倍。一些类星体也是已知离地球最远的天体。类星体由巨大的黑洞提供动力，其中心黑洞通过吞噬来自周围星系的气体云产生能量。

类星体释放出巨大的能量。这种能量表现为不同形式的光，包括X射线、伽马射线和射电波。这种能量最终可能会到达地球。科学家们可以通过研究这种能量来了解类星体和早期宇宙。

加利福尼亚州圣地亚哥附近帕洛玛天文台的天文学家于1963年发现了类星体。从那时起，他们已经发现了数千颗类星体。

延伸阅读： 黑洞；星系；伽马射线；光；帕洛玛天文台。

在钱德拉X射线天文台拍摄的这张照片中，巨大的气体喷流从半人马座α A星系中心的类星体中喷射而出。

黎明号

Dawn

黎明号是一个太空探测器，它用于研究太阳系中最大的两颗小行星谷神星和灶神星。小行星是一类岩石或金属构成的天体，比绕太阳运行的众行星要小。这两个天体是在太阳系历史的早期形成的，之后它们的变化很小。通过研究黎明号收集的信息，科学家们希望更多地了解早期的太阳系。黎明号探测器在2007年发射，是美国国家航空和航天局的一个项目。

谷神星和灶神星在火星和木星轨道之间绕太阳运行。这个地区称为主小行星带。谷神星是主带中最大的小行星，占其总质量的四分之一。它太大了，天文学家把它也归类为矮行星。矮行星是像行星一样围绕太阳运行的球形天体，但它还没能清除轨道附近的其他天体。灶神星是主带中第三大的小行星，但它不够大，不足以被视为矮行星。

黎明号通过离子推进到达主小行星带。离子推进是通过

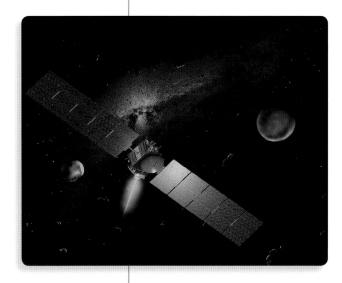

黎明号从2011年至2013年绕小行星灶神星的轨道运行并观察了它，2015年开始绕谷神星飞行。

喷射带电的离子来推进太空飞行器的一种方法，这种方法使航天器得以用比传统化学推进更低的成本到达谷神星和灶神星。而且，离子推进也增加了其行进时间。黎明号携带了用于测绘小行星表面的多种科学仪器，这些仪器还可以测量每颗小行星的引力以确定其质量。

黎明号于2011年进入围绕灶神星的轨道。探测器绘制了灶神星的表面图，并用一年时间研究了它的成分。然后，黎明号前往谷神星，在2015年左右进入围绕它的轨道。在这个过程中，它成为第一个绕地球之外两个天体运行的太空飞船。根据黎明号的观察，科学家已经确定谷神星的表面下保存有液态水。它还探测到谷神星周围存在由水蒸气组成的非常薄的临时大气层。此外，黎明号详细地绘制了谷神星表面图，显示谷神星上有许多由盐构成的亮斑，还有一座高山。

延伸阅读：小行星；谷神星；矮行星；小行星带；行星；太空探索；灶神星。

里斯

Riess, Adam Guy

亚当·盖伊·里斯（1969—　）是美国科学家。他获得了2011年诺贝尔物理学奖。他与美国科学家索尔·珀尔马特和布莱恩·施密特共享了该奖项，他们三人因发现宇宙膨胀正在加速而获奖。这一发现使科学家认为宇宙中充满了称为暗能量的神秘能量。科学家认为暗能量正在越来越快地推动宇宙的分崩离析。

里斯出生于华盛顿特区，他于2006年成为约翰斯·霍普金斯大学教授。

延伸阅读：大爆炸；珀尔马特；施密特；宇宙。

里斯

猎户座

Orion

猎户座的形象是一位猎人，其中包括天空中最亮的两颗恒星。猎户座从北半球最容易看到。

猎户座经常被描绘成一只手举起武器，另一只手拿着动物皮或盾牌且背对着我们的猎人。在这个视角中，明亮的红色明星参宿四是他左肩的标志。一颗叫作参宿七的蓝白色恒星标志着他的右脚。猎户座很容易通过一排形成他腰带的三颗星来识别。腰带上垂下来一把由几颗暗淡恒星组成的宝剑。

古希腊人将这个星座命名为猎户座，因为它的形状让他们想起了希腊神话中一位英俊而充满活力的猎人，他是一位可以走在海面穿越大海的巨人，但他的爱情生活并不如意。

两片著名的星云位于猎户座。猎户座大星云构成猎户座宝剑的一部分，猎户座腰带上的马头星云很难被看到。

延伸阅读： 参宿四；星座；星云；恒星

猎户座很容易辨认出来，在北方的天空中可以看到他的"腰带"——大致排成一排的三颗明亮恒星。

凌

Transit

金星在经过太阳表面时看起来是一个小黑点。

当一个天体从另一个看起来更大的天体前面经过时，"凌"就发生了。比如从地球上看，水星和金星有时会从太阳前面经过，这就是凌日。凌日过程中，一颗行星看起来就像一个在太阳的圆盘上移动的黑点。人们不应该在不采取眼睛保护措施的情况下观看太阳。

天文学家利用凌的现象寻找遥远恒星周围的行星。这些行星太远了，无法看到。但是当它们经过恒星前面时，会使恒星的光线稍微变暗。天文学家可以探测到这种变暗现象。

延伸阅读： 掩食；水星；金星；太阳。

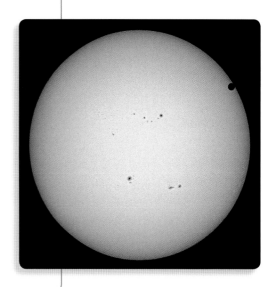

流星和陨石

Meteor and meteorite

　　流星是天空中短暂出现的一道明亮光流，因为像是从天上坠落下来的，又被称作飞星或陨星。最明亮的流星有时称作火流星。

　　当流星体从外太空进入地球大气层时，就会出现流星。地球的大气层是环绕地球的一层空气。空气与流星体发生摩擦，使流星体变热发光。大多数流星的发光时间仅为1秒左右，但会留下一条明亮的尾迹。

　　流星体通常在抵达地面之前就已裂解为许多小块。能够坠落到地面的流星体称为陨石。陨石能落到地面上，是因为它们的大小刚好能使它们穿过地球大气层。陨石如果太小了，就会在落地前燃尽；如果太大了，就可能会爆炸。大多数陨石都非常小，只有一块小卵石那么大。

　　每天都有数百万颗流星出现在地球大气层内。每年某些特定时刻，地球都会遇到一大批小流星体。这时，天上火光四散，形成了流星雨。

　　有些陨石的物质成分与行星的组成成分相同。科学家们通过研究陨石来探寻行星形成及太阳系早期历史的线索。

　　延伸阅读： 陨击坑；狮子座流星雨；英仙座流星雨。

流星体在没有空气的外太空中运行。

稀薄的上层大气开始加热流星体，导致流星体开始发光，形成由融化的粒子和炽热的气体组成的尾迹。

由密度更大的大气带来的摩擦使尾迹更加炽热，开始为人所见，形成流星。

流星体通常在抵达地面之前就已经彻底燃尽。

当流星体从太空进入大气层时，就会出现流星。

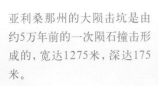

亚利桑那州的大陨击坑是由约5万年前的一次陨石撞击形成的，宽达1275米，深达175米。

鲁宾

Rubin, Vera

薇拉·鲁宾（1928—2016）是美国天文学家。她以研究暗物质而闻名。暗物质是一种看不见的神秘物质，它可能构成了宇宙中的大多数物质。

鲁宾曾与美国天文学家肯特·福特合作，研究了星系中的恒星运动。他们发现，仅基于所看到的物质无法解释这些运动，这提供了暗物质确实存在的证据。

鲁宾出生于费城。她毕业于瓦萨学院，是该校天文学专业唯一的学生。之后，她在纽约州伊萨卡康奈尔大学和华盛顿特区乔治城大学学习天文学和物理学。鲁宾以研究员的身份加入卡内基科学研究所。在卡内基，她与福特相识并共事。鲁宾于2016年12月25日去世。

延伸阅读： 天文学；暗物质。

由福特和鲁宾合作制造的电子管光谱仪。

洛厄尔

Lowell, Percival

珀西瓦尔·洛厄尔（1855—1916）是美国天文学家。他因坚信火星上存在智慧生命而闻名，因为他认为，火星上存在运河。但是后来的天文学家证明火星上并没有运河。

洛厄尔起初是一位商人，但他的兴趣很快转向了天文学。1894年，他在亚利桑那州旗杆市建立了洛厄尔天文台。他还写了许多著作，但这些著作更多的是吸引了广大公众的注意，科学价值并不见得很高。

1905年，他通过研究，预测海王星外还将发现一颗行星。他认为，未知天体的引力影响了天王星和海王星的轨道，并开始在他的天文台竭力寻找这颗行星。但直到于1916年逝世，他都未能发现这颗行星。1930年，洛厄尔天文台的

洛厄尔

研究助理克莱德·W.汤博发现了冥王星。这颗行星被以罗马神话中死神之名来命名，同样也是为了纪念洛厄尔，后者姓名的两个首字母也正好是冥王星 (Pluto) 的前两个字母。洛厄尔生于波士顿。

延伸阅读：天文学；地外智慧生命；火星；冥王星。

旅行者号

Voyager

旅行者号是美国国家航空和航天局发射的两个太空探测器的名字。旅行者号预计将成为第一批离开太阳系的太空探测器。

旅行者号的设计任务为五年，足够它们到达木星和土星。旅行者1号于1977年9月发射。它在1979年掠过木星，在1980年掠过土星。旅行者2号于1977年8月发射，于1979年造访木星，并于1981年造访土星。成功地完成了这项任务后，美国国家航空和航天局的工程师们将探测器送去探索外太阳系和更远的地方。旅行者2号成为第一个，也是迄今为止唯一造访天王星 (1986年) 和海王星 (1989年) 的航天器。

探测器在木卫一上发现了火山存在的证据，在海卫一上发现了冰泉，还传回了有关土卫六的大气的信息。

科学家们预计旅行者号将继续向地球发送信息，直到2020年前后。到那时，它们的电力供应将变得太弱，无法向美国国家航空和航天局的接收设备发送信号。

延伸阅读：木星；海王星；土星；太空探索；天王星。

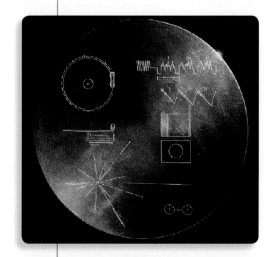

两艘旅行者号各携带一个金属圆盘，叫作黄金唱片，上面有55种语言的问候语。盘上还有地球上各种生命的115幅图像和各种声音。

麦考利夫

McAuliffe, Christa

克里斯塔·麦考利夫（1948—1986）是首位入选太空旅行计划的教师。1986年1月28日，她搭乘挑战者号航天飞机升空，但航天飞机在起飞后不久就爆炸了。这起事故导致麦考利夫和其他6名宇航员丧生。美国国家航空和航天局从11000名应征的教师中选择了麦考利夫。她原本计划把她在太空飞行期间及前后的想法和经历都记录下来。

麦考利夫

麦考利夫生于波士顿。1970年，她获得学士学位，1978年获硕士学位。从1982年至其不幸遇难，麦考利夫在新罕布什尔州康科德市康科德高中教授社会学。

延伸阅读：宇航员；挑战者号事故；鬼冢承次；太空探索。

麦哲伦云

Magellanic Clouds

麦哲伦云是两个相邻的星系，可以在南半球看到，看上去像是微弱的小光斑，实际是距离我们的银河系最近的河外星系。

大麦哲伦云距离地球约16万光年。一光年是光一年里在真空中行经的距离，大约为9.46万亿千米。小麦哲伦云距离地球约18万光年。两者属于同一类星系，即矮星系。之所以被称为矮星系，是因为它们和最大的那些星系相比，实在是太小了。

　　麦哲伦云中有数十亿颗恒星，但只有用最强力的望远镜才能从中分辨出单个恒星。麦哲伦云中还有大量的气体，新的恒星从这些气体中产生。麦哲伦云的主要光辐射都来自年轻的、极端明亮而炽热的蓝色恒星。

　　葡萄牙探险家费迪南德·麦哲伦于16世纪初最先记录了麦哲伦云的情况。直到20世纪初，人们才认识到，这些"云"实际上是银河系之外的星系。

　　延伸阅读： 星系；银河；恒星。

大麦哲伦云中的恒星形成区域中，新形成的恒星在气体和尘埃云间闪闪发光。

脉冲星

Pulsar

　　脉冲星是太空中以脉冲的形式发射出光线的一种天体，脉冲星即因这些脉冲而得名。尽管脉冲星约有20千米宽，但它们还是能够每秒旋转很多圈。

　　脉冲星看起来似乎在跳动，因为它们就像灯塔一样只向两个方向发出光线。当脉冲星旋转时，光线的光源也在旋转。如果光线扫过地球，它们就会以脉冲的形式被探测到。

　　脉冲星是一种密度大到不可思议的恒星，被称为中子星。这些恒星是一定大小的恒星在其生命末期爆炸之后形成的。科学家可能会使用几种不同类型的望远镜寻找脉冲星。

　　延伸阅读： 光；星云；中子星；恒星。

脉冲星

直径只有约20千米的脉冲星（箭头所指）足以照亮直径超过150光年的一片星云。

美国国家光学天文台

National Optical Astronomy Observatories (NOAO)

　　美国国家光学天文台是由美国政府资助的一系列天文研究中心，包括亚利桑那州图森基特峰国家天文台、智利北部托洛洛山美洲洲际天文台，以及亚利桑那和新墨西哥州的国家太阳天文台。

　　该天文台建立于1982年，目的是将主要的国家光学天文学研究中心组织起来。光学天文学使用望远镜来接收可见光及红外辐射，进而形成图像。

　　该天文台为天文学家们提供观测设施。任何天文学家都可以向该机构申请使用望远镜。该天文台也直接聘用了一批天文学家，他们改进和更新天文台的仪器，也同样开展研究。

　　延伸阅读：　天文台；美国国家射电天文台；望远镜。

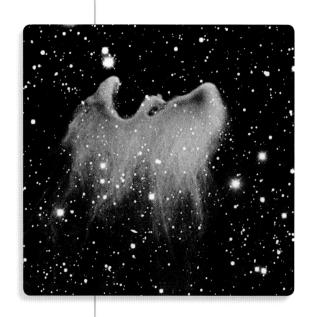

外观像一只展翅欲飞的鸟儿的暗弱星云，这是基特峰天文台望远镜拍摄的照片。

美国国家航空航天博物馆

National Air and Space Museum

　　美国国家航空航天博物馆位于华盛顿特区，专门展出航空和航天相关物品，是史密森学会的一部分。这个博物馆内收藏有全世界历史上的各类飞机和航天器，有20个展馆，1个剧场，还有一个天文馆。其展品中包括莱特兄弟的飞行者1号、查尔斯·A.林白的圣路易斯精神号、X-1和X-15火箭飞机，以及水星号、双子星座号和阿波罗号飞船。参观者可以触摸一块月球岩石，并在一个空间站内穿行。

　　该博物馆支持并开展很多航空航天历史、科学和技术方面的研究项目，还开展行星科学、地理学、地球物理学方面的研究。

美国国会在1946年决议建立国家航空博物馆。1966年，改为现在的名称。1976年，现在的主展馆对外开放。2003年，国家航空航天博物馆在弗吉尼亚州华盛顿杜勒斯国际机场建立的史蒂芬·乌德瓦尔·哈齐中心对外开放。这个中心展出了更多的展品，包括洛克希德SR-71黑鸟侦察机、波音B-29超级空中堡垒轰炸机艾诺拉·盖伊号（携核弹轰炸广岛的飞机），以及发现号航天飞机。博物馆展品的维护和修复工作在马里兰州苏伊特兰保罗·E.加尔博保护、修复和储藏基地进行。

延伸阅读：天象馆；太空探索。

华盛顿特区国家航空航天博物馆内悬挂的历史上有名的飞机。

美国国家航空和航天局

National Aeronautics and Space Administration (NASA)

美国国家航空和航天局是美国的航天管理机构，负责研究地球大气层内外的飞行活动。美国国家航空和航天局雇用了成千上万的科学家、工程师和技术人员。它最主要的基地包括佛罗里达州梅里特岛上的约翰·F.肯尼迪航天中心以及休斯敦的林登·B.约翰逊航天中心。

1957年，德怀特·D.艾森豪威尔总统将美国航天计划的管理权交给1915年建立的国家航空咨询委员会。1958年，该委员会改组为美国国家航空和航天局，总部位于华盛顿特区。美国国家航空和航天局发射了许多太空飞船，有些载有宇航员，有些没有。不载人的飞行任务包括人造卫星和太空探测器。这些航天器被用来开展科学研究，以及执行通讯、天气预报等任务。

1969年，"阿波罗11号"飞船成为第一艘将人类送上月球的飞船。1981年，美国国家航空和航天局成功发射了首架航天飞机哥伦比亚号。然而，1986年，美国国家航空和航天局遭遇了其历史上最惨重的事故之一。挑战者号航天飞机在发射后不久爆炸，7名乘员全部遇难。

1993年，美国和俄罗斯决定共同建造一个太空站，即国际空间站。

2003年，哥伦比亚号航天飞机在再入地球大气层时解体，7名乘员全部遇难。事故后，美国国家航空和航天局实施了新的安全措施。

美国国家航空和航天局的太空探索目标还包括许多月球探测任务，可能还有前往小行星的任务，以及最终将人送上火星的计划。美国国家航空和航天局正在研制多种新型航天器，且正与私营企业开展合作以实现更多目标。

多年以来，美国国家航空和航天局发起并支持了许多科学项目，这些项目不仅仅包括太空飞行，也涉及天文学、航空、气象、海洋学和许多其他领域。

延伸阅读： 宇航员；挑战者号事故；哥伦比亚号事故。

美国国家航空和航天局的徽标，设计于1959年。

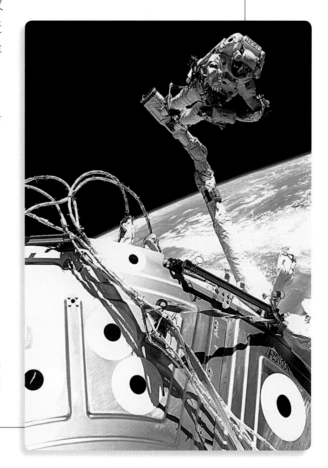

美国国家航空和航天局的宇航员在国际空间站外的太空中工作。

美国国家射电天文台

National Radio Astronomy Observatory (NRAO)

美国国家射电天文台是一个运营射电望远镜的组织。其由美国国家科学基金会资助，在弗吉尼亚州夏洛茨维尔设有科学办公室。

该天文台在新墨西哥州索科罗附近运营卡尔·G.央斯基超大阵列，这是世界上最强大的射电望远镜之一。该仪器由27个大型碟形金属反射器镜面组成，每个反射器的直径为25米，可作为单个望远镜使用。反射器能沿着建成Y状的铁路轨道移动。单镜面可以移动到距离Y形中心35千米处。

该天文台还与来自其他国家的天文台组一起运营阿塔卡马大毫米／亚毫米阵列，这一设备位于智利阿塔卡马沙漠，由一组66个巨大的可移动反射器组成，类似于央斯基超大阵列。

科学家使用美国国家射电天文台望远镜，已经检测到几乎所有类型的太空目标发出的射电波，这些天体的范围很广，从附近的行星到遥远的类星体都包括其中。

延伸阅读： 天文台；望远镜。

阿塔卡马大毫米／亚毫米阵列由66个大型可移动反射器天线组成。

美国海军天文台

Naval Observatory, United States

美国海军天文台是该国最古老的国家天文台。它成立于1830年，由美国海军运营，总部设在华盛顿特区。

美国海军天文台负责测量太阳、月亮、行星和恒星的位置和运动。它监视地球的位置，还为美国提供精确的时间服务。

科学家于1877年使用华盛顿特区的望远镜发现了火星的两颗卫星。1978年，科学家在亚利桑那州旗杆镇发现了冥王星的卫星冥卫一卡戎。

延伸阅读： 天文台；望远镜。

米切尔

Mitchell，Maria

玛丽亚·米切尔（1818—1889）是美国天文学家。因其对太阳、太阳黑子以及行星卫星的研究而知名。1847年，她发现了一颗新彗星。

米切尔生于马萨诸塞州南图克特。大多数时候，她依靠自学，也从她父亲那里学习天文学。1848年，她成为美国艺术和科学学院的首位女性成员。1865年，成为瓦萨学院天文学教授。1905年，入选美国名人纪念馆。

延伸阅读： 天文学；太阳。

米切尔

冥王星

Pluto

冥王星是太阳系外围的一颗冰冷天体。冥王星曾被认为是一颗行星，但是现在许多天文学家认为冥王星是一颗矮行星。在地球上不用望远镜无法看到冥王星。

冥王星从1930年被发现之后，就被普遍认为是太阳系的第九颗行星，但它个头很小，轨道也极不规则，导致许多天文学家开始质疑冥王星是否应该与地球和木星这样的星球归为一类。冥王星更类似于在海王星轨道之外的太阳系外部区域发现的其他冰冻天体，这片区域称为柯伊伯带。在21世纪初，天文学家发现了几个与冥王星大小相同的其他柯伊伯带天体。2006年，国际天文学联合会创造了"矮行星"这个分类来描述冥王星和其他天体。

冥王星到太阳的距离几乎是地球的40倍。冥王星绕太阳在轨道运行一圈大约需要248个地球年，每一圈中有大约20年的时间里，冥王星比海王星更接近太阳。科学家估计冥

新视野号太空探测器拍摄的图像显示了冥王星独特的表面特征，并暗示了季节周期的存在。在这张照片中，一条由氮冰组成的心形冰川打破了环绕这颗矮行星赤道的黑色地带。

王星直径为2370千米，小于地球的五分之一。

冥王星的表面是太阳系中最冷的地方之一。冥王星某些部位的温度可能约为−232℃。冥王星表面大部分是红棕色的。其表面由岩石和多种类型的冰组成，暗区和亮区交替出现，一层凝固的一氧化碳形成一大片明亮地区，附近高耸的水冰形成了山脉。冥王星还有一层稀薄的大气，主要由氮气构成。

冥王星有5颗卫星。其中冥卫一卡戎的大小大约是冥王星的一半，这使它成为太阳系中与其母行星体积之比最大的卫星。

冥王星是1930年由亚利桑那州洛厄尔天文台的助理克莱德·W.汤博发现的。他根据美国天文学家珀西瓦尔·洛厄尔和其他天文学家的预测找到了它。然而，后来的研究表明这一发现只是巧合，因为冥王星的位置不可能由洛厄尔的计算确定。

哈勃太空望远镜在1996年拍摄了第一张高质量的冥王星照片。2006年，美国国家航空和航天局发射了新视野号探测器。该探测器在2015年飞过冥王星，收集数据并拍摄了许多照片。

延伸阅读： 矮行星；柯伊伯带；新视野号；卫星；汤博。

在冥王星上，位于宽阔平坦平原上的山脉高达3500米。这颗矮行星周围有一层薄薄的、朦胧的大气。

摩羯座

Capricornus

摩羯座是地球夜空里的一个星座。它代表的是神话里一种长着山羊头和鱼尾巴的生物。摩羯座在南半球大部分地区可见，最佳的观测时间是7−9月。

摩羯座的形象可以用多种方式来绘制。在许多这样的图形中，摩羯座的恒星形成一个三角形，代表神话生物的身体。

摩羯座是希腊数学家托勒玫定义的48个星座之一。如今，它也是国际天文学联合会（IAU）确认的88个星座之一。IAU是天体命名的主要机构。

南回归线的英文名称是以摩羯座命名的。南回归线是一条沿着地球热带区域南部边界延伸的假想线，摩羯座几乎就位于南回归线的正上方。

摩羯座也被称为摩羯宫，摩羯宫是黄道带上的十二宫之一。黄道十二宫也被占星术用来进行占卜。

> **延伸阅读**：占星术；星座；托勒玫；黄道带。

在南半球大多数地方都能看到摩羯座。它代表了一种半羊半鱼的神。

木卫二

Europa

木卫二是木星的一颗大卫星。它直径3122千米，比地球的卫星月亮略小一点。

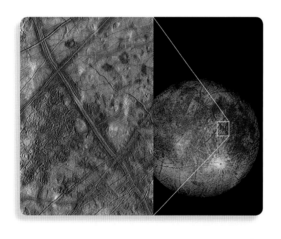

覆盖木卫二表面的厚厚冰层上有许多纵横的裂缝。

木卫二主要由岩石构成，但它表面覆盖着水冰。它非常光滑，但是有些地方也有浅裂缝、山脊和其他地形。木卫二的冰层深处，可能有一片液体海洋，如果它确实存在，这个海洋里就可能有生命。

有几架小型航天器已经访问过木卫二，它们使用特殊设备来了解有关这颗卫星的更多信息。美国于2011年发射了另一颗此类探测器。这个名为"朱诺号"的航天器于2016年抵达木星。

意大利天文学家伽利略于1610年发现了木卫二。为了纪念他，一个在1995年抵达木卫二的探测器被命名为"伽利略号"。伽利略发现了木卫二和其他三个大卫星木卫四、木卫三和木卫一。这四个卫星一起被称为伽利略卫星。

> **延伸阅读**：伽利略；木星；卫星。

木卫三

Ganymede

木卫三是木星众多卫星中最大的，它也是太阳系中最大的卫星，甚至比水星还要大。木卫三轨道距离木星1070000千米，它每7.15个地球日绕木星运行一周。木卫三是意大利天文学家伽利略于1610年发现的木星四大卫星之一。

木卫三的表面由数量几乎同等的黑暗和明亮的地区组成。黑暗区域主要由冰块和深色岩石混合而成。这些区域有许多陨击坑和大裂缝。陨击坑是小行星和彗星撞击木卫三表面形成的。那些最强的撞击释放的能量使木卫三表面产生了许多裂缝，其他一些裂缝是这颗卫星的结构和温度发生变化时形成的。

明亮区域的陨击坑略少，是卫星表面膨胀和破裂时形成的。水、冰或两者的混合物淹没了低洼地区和陨击坑，新地形的开裂和拉伸创造了平行的山脊和山谷。

延伸阅读：伽利略；陨击坑；木星；卫星。

木卫三的表面下面是厚厚的冰层、岩石层和金属内核。其地表下170千米处可能有一层薄薄的咸水海洋。

木卫四

Callisto

木卫四是木星的一颗大卫星。它几乎和水星一样大，是木星的第二大卫星，仅次于木卫三。它也是太阳系中的第三大卫星，排在木卫三和土星最大的卫星土卫六之后。木卫四直径为4821千米。它在距离木星1883000千米的轨道上运行，每16.7个地球日绕木星一周。

在过去的40多亿年里，一直有彗星和小行星撞击木卫四，这导致这颗卫星比太阳系中的任何其他天体上的陨击坑都要多。由于这种撞击，木卫四冰冷表面的大部分被来自破碎的陨击坑边缘和悬崖的深色泥土覆盖。然而，木卫四自身的亮度仍然是月亮的两倍。一些科学家认为木卫四表面之下可能存在咸水海洋。

航天器的探测表明，木卫四的上面好像覆盖着一个可以导电的外壳。科学家怀疑这个"壳"实际上是表面下的咸水海洋，他们正试图确定这样的海洋是怎么形成的，以及为什么它现在不会被冻结。

木卫四以希腊神话中月亮和狩猎女神阿尔忒弥斯的一位侍女卡利斯托的名字命名。木卫四和其他3颗木星卫星被称为伽利略卫星，它们是意大利天文学家伽利略于1610年发现的。

延伸阅读：小行星；彗星；伽利略；木卫三；陨击坑；木星；卫星。

美国国家航空和航天局的旅行者2号太空探测器在1979年经过木星时抓拍了这张木卫四的图像。

木卫一

木卫一艾娥是木星的卫星之一，它也是太阳系的行星和卫星中火山活动最频繁的天体，其表面熔岩四溢，200多个大型火山口遍布其上。木卫一表面的温度在白天可低至－160℃，但从火山里喷射出的熔岩温度高达1700℃。

木卫一有一个富含铁的核心，可能是液体状态。它有致密岩石组成的幔，以及由较轻岩石和硫化物组成的壳。它稀薄的、成块分布的大气主要成分是火山口之上的二氧化硫气体。

木卫一的热量来自木星和其他木星卫星的引力，这些引力将木卫一的内部拉向不同方向，结果使内部扭曲，产生热量，熔化幔中的部分岩石。

木卫一上的大多数火山就像间歇喷泉一样。火山喷发时，硫和二氧化硫气体可能喷射到数百千米高的太空中。这些气体在那里形成雨伞状的羽状物，形成硫化物"雪"。落到木卫一表面的硫形成黄色、黄绿色和橙色的斑块，使它成为太阳系中最色彩斑斓的天体。

木卫一的直径为3643千米，比月球稍微大一些。每1.77个地球日绕木星运行一周，轨道距离木星421600千米。1610年，意大利著名天文学家和物理学家伽利略发现了木卫一。

延伸阅读：木卫四；木卫二；木卫三；木星；卫星。

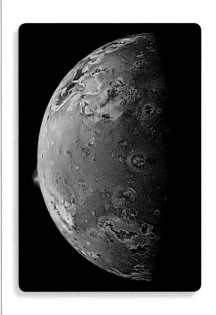

木卫一上一座火山喷发形成的羽状物喷射入太空。

木星

Jupiter

　　木星是距离太阳第五远的行星，也是太阳系中最大的行星，木星内部可以装下1000多个地球。从地球上看，木星比大多数恒星都要亮。在行星中，只有金星比木星更亮。木星的英文名字来自罗马神话中的众神之王。

　　木星位于由一群各式各样的天体组成的巨大系统的中心，这个巨大的系统就像一个迷你太阳系一样。木星至少拥有67颗卫星环绕其运转，就像月球环绕地球运行一样，其中有16颗卫星的直径大于10千米。科学家们已经在木卫一上发现了火山活动，还认为木卫二和木卫四的固态表面下可能存在由液态水或浮冰组成的海洋。木星周围环绕着四个由尘埃微粒组成的微弱光环。

　　木星拥有强大的磁场。木星的磁场从其表面延伸到太空中很远的地方，形成磁层。天文学家有时把木星及其光环、卫星和磁层统称为木星系统。

　　木星是气体巨行星，是气体和液体组成的大球体，几乎没有或者彻底不存在固态表面。低层大气中厚厚的红色、棕色、黄色和白色云层使木星披上了色彩斑斓的外衣。云层之间有暗条纹带和色彩较浅的区域，这些条纹和区域环绕木星分布，使其呈现出条带状的外观。在木星赤道附近的浅色区域中，风速可达每小时650千米以上。

　　木星表面最突出的特征是大红斑，这是一团巨大的气旋。大红斑的颜色在砖红色和棕色之间不断变化，其大小足以装下地球。然而，大红斑只是木星大气中众多的椭圆形或圆形区域之一。

　　除了这些椭圆形区域、带状区域和浅色区域之外，木星上也有风暴和闪电。木星上的闪电比地球上的要强烈很多。

　　木星辐射出的能量是其从太阳吸收的能量的两倍，这意味着木星的一些能量不是来自太阳。这些能量可能是木星形成过程中残存的热量，也可能是它在引力作用下逐渐收缩时产生的热量。

　　木星的自转速度比其他所有行星都快，一个木星日，即木星自转一周的时间，仅仅相当于地球上的9小

卡西尼号奔向土星途中拍摄到的木星色彩斑斓的云层照片。

1994年，苏梅克·列维9号彗星碎片撞向木星，哈勃太空望远镜拍摄的图像记录了这一过程。在撞击发生5分钟后（图1），一片羽状物从撞击处升起（照片最左侧），在撞击1.5小时后（图2），撞击扬起的深色气体清楚地指示出撞击位置。在撞击1.5天以后（图3）和5天后（图4），木星的高速大风已经将气体吹散在表面上。

时55分钟。相比之下，地球上的一天是24小时。木星需要花12个地球年的时间才能绕行太阳一周。

几个世纪以来，天文学家一直在对木星进行详细的观测。它是17世纪早期意大利著名天文学家伽利略最先观测的行星之一。1610年，伽利略发现了木星的四颗卫星，后来它们被称为"伽利略卫星"。在那个时代，人们相信所有的天体都是绕地球运行的。发现有卫星环绕其他行星运行促使伽利略和其他一些人相信，地球不是宇宙的中心。

1995年，伽利略号航天器成为第一个环绕木星运行的飞船。伽利略号还把一个探测器投入木星大气，以研究其大气成分，并记录下了云层顶部之下的风速。伽利略号母船继续环绕木星运行达8年之久。计划探索土星的卡西尼号也于2000年12月飞掠木星。伽利略号和卡西尼号从两个不同位置帮助天文学家研究木星的卫星、大气和气象。

2016年，朱诺号航天器进入环绕木星运行的轨道，以研究木星的内部结构、引力场和磁层。

延伸阅读： 木卫三；卡西尼号；木卫二；伽利略；伽利略航天器；木卫四；气体巨行星；木卫一；行星；卫星。

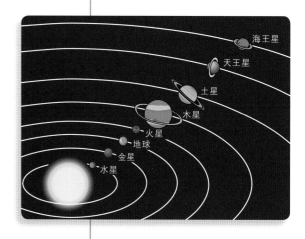

木星是太阳系中最大的行星，也是距离太阳从近到远的第五颗行星。

南十字座

Southern Cross

南十字座是南半球的一个星座。

南十字星座得名于由其中四颗最亮的星组成的十字架形状。南十字座中最靠南的那颗星是一等星。一等星是天上看起来最亮的一批恒星。

南十字星座的四颗星并不是按照标准十字架的形状排列的。上面和下面的星星组成十字架的"直立"部分，它们指向天空的南天极。南十字星座的位置过于偏南，在北半球只有赤道附近才能看得见。

延伸阅读： 星座；星等；恒星。

南十字座也被称为"crux"，拉丁语意思为"十字架"。

年

Year

一年是地球绕太阳转一周所需的时间。一年的长度是365天零几个小时，我们使用的公历历年就是以这种方式来计算一年的。度量一年的另一种方法基于月亮，称为太阴历年。太阴历一年有12个月。古希腊人的太阴历为354天，伊斯兰教使用太阴历。还有的历法部分基于阳历，部分基于阴历，古希腊人、犹太教、基督教和中国古代都使用阴阳合历。

太阳系的其他行星也有"年"这个单位，即它们在轨道绕太阳运行一周的时间。行星一年的长度与它离太阳的距离有关。水星是离太阳最近的行星，绕太阳公转一周需要88个地球日。距离太阳最远的行星海王星，绕太阳运行一周需165个地球年。

延伸阅读： 二分点；轨道；太阳。

地球自转轴的倾斜带来了季节的变化。地球在轨道绕太阳公转导致夜空中的星星在一年中出现位置的变化。

鸟神星

Makemake

鸟神星是一颗矮行星。矮行星是太空中环绕太阳运行的、比大行星小的球状天体。鸟神星是人类发现的第四颗矮行星，它的位置还在最远的行星海王星之外。这个区域即是所谓的柯伊伯带，是许多矮行星的家园，包括冥王星和阋神星以及其他数百万个小天体。从地球上看，鸟神星是柯伊伯带内第二亮的天体，仅次于冥王星。

鸟神星直径约1400千米，表面微微呈现红色。科学家在鸟神星表面上已发现了冰冻固态氮的踪迹。科学家认为，鸟神星在轨道上绕太阳一周需要310个地球年，其轨道平均半径50天文单位。1天文单位等于1.5亿千米。鸟神星拥有一个暗弱的小卫星，直径约160千米。

鸟神星于2005年3月被发

从地球上看，鸟神星是柯伊伯带中第二亮的天体，仅次于冥王星。

现。它是以复活节岛上的拉普努伊人神话中的生育之神的名字来命名的。

延伸阅读：谷神星；矮行星；阅神星；柯伊伯带；冥王星。

牛顿

Newton, Sir Isaac

艾萨克·牛顿爵士（1642—1727）是英国科学家。由于他对天文学、数学和物理学的巨大贡献，他有时被称为"人类思想史上最伟大的人物之一"。

牛顿证明，宇宙中的所有物体都因一种看不见的力而彼此吸引。他意识到使一颗石子落到地面的力，与使行星围绕太阳运行的力相同，这种力称为万有引力。

牛顿后来发现阳光是所有颜色光的混合物。他让一束阳光通过玻璃棱镜，将其分解成各种颜色。然后他研究了颜色，他证明，物体有颜色是因为它们反射光线。例如，草看起来是绿色的，因为它反射绿光。

牛顿对光的研究引导他发明了一种带有反射镜面而不是透镜的新型望远镜。他通过它观察了木星的卫星。事实证明，牛顿的望远镜比以前任何的望远镜都要好得多。许多现代望远镜至今仍使用类似的设计。

牛顿发明了一种新的数学，称为微积分（微积分也由德国数学家戈特弗里德·莱布尼兹独立发明。）。微积分可以解决有关正在发生变化的事物的问题。

牛顿在物体运动方面也做出了重要的发现。他于1687年出版的著作《自然哲学的数学原理》解释了他的发现。这本书被认为是科学史上最伟大的作品之一。后来的科学家，如德国出生的物理学家阿尔伯特·爱因斯坦，挑战并改变了牛顿的理论。但爱因斯坦承认，没有牛顿的发现，他自己的工作是不可能完成的。

延伸阅读：引力；光；望远镜。

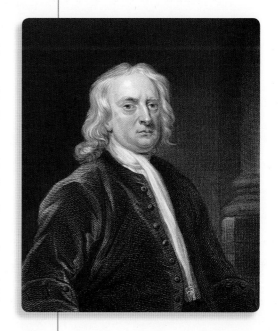

牛顿

欧洲空间局

European Space Agency (ESA)

欧洲空间局（简称欧空局）是西欧诸国运营太空项目的合作组织。它创建于1975年，其成员国有奥地利、比利时、捷克、丹麦、爱沙尼亚、芬兰、法国、德国、希腊、匈牙利、爱尔兰、意大利、卢森堡、荷兰、挪威、波兰、葡萄牙、罗马尼亚、西班牙、瑞典、瑞士和英国。

欧空局指导建造了绕地球运行的空间实验室。从1983年到1998年，美国航天飞机多次运载空间实验室执行航天任务。欧空局随后开始建造哥伦布号实验舱，它是国际空间站的永久实验室模块。2008年，一架航天飞机把哥伦布号运送到国际空间站。

1985年，欧空局发射了太空探测器乔托号来研究哈雷彗星。1990年，欧空局和美国合作发射了探测器尤利西斯号以研究太阳。欧空局和美国国家航空和航天局已经合作完成了包括哈勃太空望远镜在内的许多太空项目。

欧空局于2003年发射了火星快车探测器，2004年发射了斯玛特1号月球探测器，2005年发射了金星快车探测器。欧空局还制造了惠更斯号探测器，该探测器随美国卡西尼号航天器被运往土星的卫星土卫六。惠更斯号于2005年登陆土卫六，成为第一艘登陆地球以外行星卫星的航天器。

从2009年到2013年，欧空局运行了两架太空望远镜。赫歇尔空间天文台研究了一些最早的星系以及在遥远恒星周围形成的行星。普朗克号卫星绘制了宇宙微波背景辐射图，这是宇宙开始时留下的能量。

欧空局于2013年发射了盖亚望远镜，为太阳系附近的恒星绘制了详细的星图。2016年，欧空局与俄罗斯合作发射了气体轨道器，用以研究火星的大气层。

延伸阅读： 卡西尼；赫歇尔太空天文台。

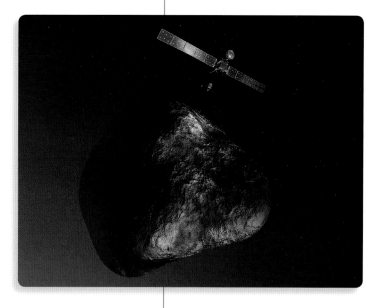

经过10年的飞行，欧洲空间局的罗塞塔探测器于2014年抵达彗星67P/丘留莫夫—格拉西缅科彗星。罗塞塔探测器释放了菲莱着陆器（上图），它降落在了彗星表面。

帕洛玛天文台
Palomar Observatory

帕洛玛天文台是加利福尼亚州西南部的一处望远镜观测站。它位于圣地亚哥东北约72千米处的帕洛玛山顶，海拔1706米。这座天文台以世界上最大的光学望远镜之一海尔望远镜而闻名。光学望远镜收集天体发出或反射的可见光并聚焦成像。1963年，天文学家使用海尔望远镜首次发现了类星体，这些天体位于一些遥远星系的中心。来自类星体的能量需要数十亿年才能到达地球，因此对类星体的研究可以提供有关宇宙早期阶段的信息。

海尔望远镜是一架反射望远镜。这类望远镜用镜面收集和聚焦光线，还可以配备观察和拍摄红外线的探测器。研究红外光可以帮助科学家研究恒星的形成。

帕洛玛天文台还拥有奥欣望远镜，天文学家使用奥欣望远镜发现了海王星轨道以外的几个大型天体，包括亡神星、夸奥尔、赛德娜，以及矮行星阋神星、妊神星和鸟神星。海尔望远镜是以美国天文学家乔治·埃勒里·海尔的姓命名的，他规划建造了这台望远镜。该望远镜于1948年开始使用。

延伸阅读： 海尔；威尔逊山天文台。

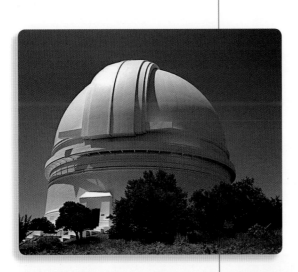

加利福尼亚州南部的帕洛玛天文台拥有海尔望远镜，它是世界上最强大的望远镜，已有45年历史。

喷气推进实验室
Jet Propulsion Laboratory

喷气推进实验室位于加利福尼亚州帕萨迪纳，是自动航天器的设计和操纵中心。加利福尼亚理工学院代表美国国家航空和航天局管理这一机构。喷气推进实验室的许多探测器探索太阳系里的其他行星以及各行星的卫星。这个实验室也参与研究地球大气和地表状况的卫星任务，还负责运行美国国家航空和航天局的深空探测网，这是一组由地面工作站组成的网络，承担太空探测器的跟踪和通信工作。

1936年，加利福尼亚理工学院的几个学生建立了这个实验室，用来研究火箭。从1939年到1958年，这个实验室承担了美国陆军的火箭研究和发展工作。1958年，美国国家航空和航天局接管了这一实验室。

1958年1月31日，喷气推进实验室的工程师将美国第一颗人造卫星探险者1号送入太空。1962年到1968年，这个实验室操控徘徊者号月球探测器和勘探者号月球着陆器。这些航天器为宇航员登陆月球铺平了道路。20世纪60年代到70年代初，由喷气推进实验室控制的水手号航天器探访了金星、火星和水星。该实验室还参与了20世纪70年代中期的海盗号项目，其目的是研究火星的土壤和大气。该实验室又设计了旅行者号航天器，20世纪70年代末到80年代，"旅行者号"航天器先后飞掠木星、土星、天王星和海王星。旅行者1号是第一个进入星际空间的人造物体。

20世纪80年代末，喷气推进实验室开始发射一系列航天器，详尽地考察了各大行星。1990年到1994年，麦哲伦号航天器绘制了金星表面的地图。1995年至2003年，伽利略号航天器研究了木星及其卫星。2004年至2017年，卡西尼号航天器研究了土星及其卫星和光环。这一实验室还设计并控制着多个被送往火星的轨道探测器和火星车，包括2012年在火星着陆的火星科学实验室，又名好奇号。

延伸阅读： 美国国家航空和航天局；火箭；太空探索。

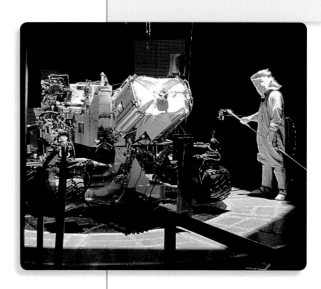

身着厚重工作服的喷气推进实验室技术人员正在"火星科学实验室"（又名好奇号）旁工作。这个航天器是在无菌环境下建造的，以防止航天器将地球上的生命带到火星。

皮埃尔·奥格天文台

Pierre Auger Observatory

皮埃尔·奥格天文台是世界上最大的宇宙射线探测设施。宇宙射线是比大多数原子都要小的带电粒子流，这些粒子从太空中不断落在地球上。奥格天文台旨在寻找那些具有最高能量的宇宙射线的来源。

　　天文台由1600个探测器组成，分布在阿根廷一座平原上，占地约3000平方千米。每个探测器包括一个能容纳约11400升纯净水的水箱。当粒子进入水中时，会产生闪光，可由探测器测量出来。利用来自许多探测器的信息，科学家们可以计算出宇宙射线的方向。

　　奥格天文台于2004年开始收集信息。2007年，对这些信息的研究产生了第一个证据，能证明超高能宇宙射线来自某些星系的中心。科学家认为这些中心是由大质量黑洞提供能量的。黑洞是一个空间区域，其引力强大到任何东西甚至光也无法从中逃逸。

　　这个天文台的名字来自法国科学家皮埃尔·V.奥格，他在20世纪30年代发现和研究了宇宙射线。

　　延伸阅读： 黑洞；宇宙射线；天文台。

皮埃尔·奥格天文台使用1600个水箱（右上方）来探测由宇宙射线产生的粒子。荧光探测器（左上方）寻找由宇宙射线粒子暴在天空中产生的闪光。

珀尔马特

Perlmutter, Saul

　　索尔·珀尔马特（1959— ）是美国科学家。他与美国科学家亚当·里斯和布莱恩·施密特因发现宇宙膨胀正在加速而共同获得2011年诺贝尔物理学奖。这一发现使科学家们认为宇宙充满了一种称为暗能量的神秘能量。科学家认为暗能量正在越来越快地推动宇宙的分崩离析。

　　珀尔马特出生于伊利诺伊州香槟—厄巴纳。2004年，他成为伯克利加利福尼亚大学物理学教授。他还曾在美国劳伦斯伯克利国家实验室工作。

　　延伸阅读： 大爆炸；里斯；施密特。

珀尔马特

普朗克

Planck, Max

　　马克斯·普朗克 (1858—1947) 是一位重要的德国科学家。他研究了物体如何吸收和释放热量及其他各种能量。1900年，普朗克提出了一个名为量子理论的观念。

　　量子理论彻底改变了物理学领域。科学家们曾认为能量是连续流动的，而普朗克表明能量实际上以微小的分立单元的形式流动，他称之为量子。这种微小单元的一份被称为光子。光子是光能的最小单位，即光的量子。所有形式的光，包括可见光和X射线，都由光子组成。

　　普朗克于1858年4月23日出生于德国基尔。他曾在慕尼黑大学和柏林大学求学。后来，他在慕尼黑、基尔和柏林的大学教授物理。普朗克获1918年诺贝尔物理学奖。

　　延伸阅读： 电磁波；光；普朗克卫星。

普朗克

普朗克卫星

Planck

　　普朗克卫星是2009年5月14日发射的在地球轨道运行的航天器。它被设计用于测量宇宙微波背景辐射。科学家们认为，宇宙微波背景辐射是紧接在大爆炸之后的早期宇宙遗留下来的能量，在大爆炸后大约38万年产生。

　　普朗克卫星制作了详细的宇宙微波背景辐射分布图，它改进了早期航天器的测量结果。通过研究这些分布图，科学家们可以看到物质在早期宇宙中如何分布，具有更多宇宙微波背景辐射能量的区域包含更多物质。

　　普朗克卫星的名字是为了纪念德国科学家马克斯·普朗克。它由欧洲空间局发射升空，加拿大和美国也为其研发做出了贡献。它于2013年停止工作。

　　延伸阅读： 大爆炸；宇宙微波背景辐射；普朗克；人造卫星。

太空望远镜普朗克卫星的任务是绘制宇宙微波背景辐射分布图。宇宙微波背景辐射是宇宙创生事件大爆炸的遗迹。

气体巨行星

Gas giant

气体巨行星是一种主要由气体构成的行星，其成分中几乎没有岩石。太阳系有4颗这样的行星——木星、海王星、土星和天王星。构成气体巨行星的两种最常见的气体是氢气和氦气。这些化学元素是宇宙中最丰富的两种物质。

在太阳系外也发现了气体巨行星。太阳系之外的行星称为系外行星。这些系外气体巨行星的大小不会比木星大许多，但它们有更大的质量。

由于它们的体积巨大，系外气体巨行星更容易绕着遥远的恒星运行。最初发现的许多系外行星都是在其母星附近轨道运行的气体巨行星。这些气体巨行星温度非常高，有时被称为"热木星"。

延伸阅读：太阳系外行星；木星；海王星；行星；土星；天王星。

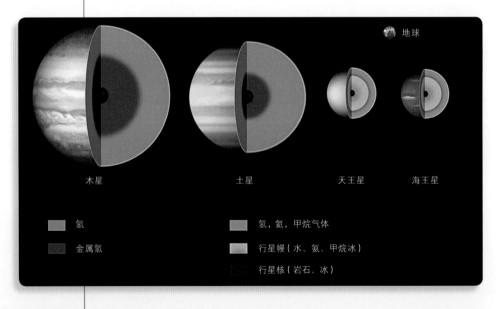

地球

| 木星 | 土星 | 天王星 | 海王星 |

氢
金属氢
氢，氦，甲烷气体
行星幔（水、氨、甲烷冰）
行星核（岩石、冰）

太阳系的4颗外行星通常被称为"气体巨行星"。然而，两个最大的行星即木星和土星，与两颗较小的气体巨行星即海王星和天王星的物质组合略有不同。

钱德拉X射线天文台

Chandra X-ray Observatory

钱德拉X射线天文台是一颗人造卫星。人造卫星是在轨道上围绕另一个目标运行的人造物体，在本例中，是围绕地球运行。钱德拉X射线天文台携带一台X射线望远镜和两台照相机。这个天文台是为了研究和收集被加热到数百万摄氏度的气体发出的X射线而建造的。这些X射线的来源包括超新星、碰撞星系和在黑洞周围旋转的物质。1999年12月，钱德拉X射线天文台获得的证据表明，在数以千万计的星系的中心都有超大质量黑洞。钱德拉X射线天文台还帮助科学家们对恒星和星系如何形成有了更多的了解。

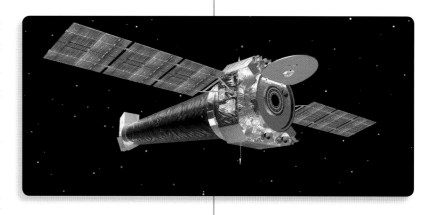

1999年，钱德拉X射线天文台由哥伦比亚号航天飞机发射。它被设计用于探测从宇宙高能区域发出的X射线。

钱德拉X射线天文台是以印度裔美国天体物理学家苏布拉马尼扬·钱德拉塞卡的姓氏的昵称命名的。负责美国太空事务的管理机构美国国家航空和航天局于1999年7月23日用哥伦比亚号航天飞机把钱德拉X射线天文台发射进入太空。

延伸阅读： 黑洞；钱德拉塞卡；天文台；太空探索；超新星；望远镜。

钱德拉塞卡

Chandrasekhar, Subrahmanyan

苏布拉马尼扬·钱德拉塞卡（1910—1995）是美国天体物理学家。天体物理学家是研究太空里天体的科学家。钱德拉塞卡与威廉·A.福勒分享了1983年诺贝尔物理学奖，他们获奖是因为他们在关于恒星如何演化并最终死亡的研究方面做出了杰出贡献。

钱德拉塞卡最著名的是他关于白矮星的研究。白矮星是恒星生命的终点，由非常大质量的恒星收缩而成，它们最后会慢慢地冷却。

大多数白矮星是双星的一部分。双星是在轨道上挨得很近的两颗相互绕转的恒星。有时双星里的白矮星会从其伴星上吸取物质。钱德拉塞卡发现，吸取到足够多物质的白矮星会因为质量大于太阳的1.4倍而在自身引力下坍缩。白矮星坍缩后会发生爆炸，这就是被称为超新星的事件。最终，白矮星会变成中子星。中子星是已知体积最小也最致密的恒星类型。

钱德拉塞卡的昵称是钱德拉（Chandra）。他出生在拉合尔（今属于巴基斯坦）。钱德拉X射线天文台的命名就是为了向他致敬。美国国家航空和航天局于1999年7月23日将钱德拉X射线天文台发射升空。

钱德拉塞卡

延伸阅读： 双星；钱德拉X射线天文台；中子星；超新星；白矮星。

人马座

Sagittarius

人马座是一个星座，也称为射手座。在南半球，6—8月是人马座的最佳观测时间。

人马座通常被看作一种名为半人马的神话生物。半人马长着人的头部和上半身，以及马的下半身，手里拿着弓箭。但是该星座中的恒星可以通过多种方式连接起来。

人马座是一个古老的星座。它至今仍然是国际天文学联合会确认的88个星座之一。

延伸阅读： 占星术；星座；人马座A*；恒星；黄道带。

人马座是古希腊数学家托勒玫确定的48个星座之一。

人马座A*

Sagittarius A*

人马座A*是位于银河系中心的一个超大质量黑洞。

天文学家从未见过人马座A*。人马座A*作为一个超大质量黑洞的最明显标志是它周围的恒星在快速运动。这些恒星中最快的似乎每15.2年绕人马座A*运行一圈，速度达到5000千米/秒。天文学家认为，在这颗恒星轨道中心处必定有一个质量大约为太阳400万倍的天体。目前唯一所知的质量如此之大还能进入恒星轨道的天体就是黑洞。

黑洞本身比原子还小，但它的事件视界可能非常大。事件视界是黑洞周围没有任何东西可以逃脱出去的区域。人马座A*周围的事件视界约有4400万千米宽。如果将人马座A*放置在太阳所在的位置，那么它的事件视界将延伸到距离太阳最近的水星轨道半径的一半左右。

延伸阅读：黑洞；引力；人马座；银河。

人马座 A*

银河系中心的超大质量黑洞（人马座A*）周围发射出X射线的过热气体（由钱德拉X射线天文台拍摄的伪彩色图像显示）。

人造卫星

Artificial Satellite

在泰拉地球观测卫星捕获的图像中，由加利福尼亚州南部野火燃烧形成的烟云正向大海飘去。

人造卫星是由人制造并送入太空后在轨道上绕另一个物体运行的物体。大多数人造卫星围绕地球运行。月球是地球的一颗天然卫星。

人们使用人造卫星研究宇宙并预测天气。卫星在世界各地传递互联网和电话信号。人们使用卫星来帮助操纵船只和飞机，监测作物和其他自然资源，或支持军事活动。人造卫星也在轨道上围绕月球、太阳、小行星，还有水星、金星、火星、木星和土星运行。旅行者2号太空探测器曾飞过天王星和海王星。

载人航天器也被认为是人造卫星，它包括太空舱和空间站。太空残余碎片（亦称太空垃圾），包括燃尽的火箭助推器和尚未坠落到地球的空燃料箱，同样被认为是人造卫星。

1957年苏联发射了第一颗人造卫星。从那时起，数十个

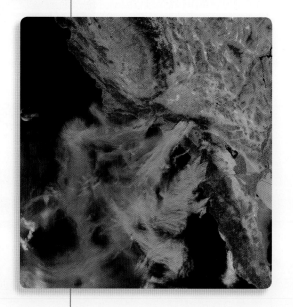

国家陆续开发、发射和运行了卫星。今天，有成千上万颗工作中的卫星在轨道上围绕地球运行。

延伸阅读：通信卫星；轨道；火箭。

妊神星

Haumea

妊神星是一个被冰覆盖的石质矮行星。矮行星是太空中的圆形天体，比行星小，比彗星或流星体大。妊神星以夏威夷生育女神命名。

妊神星通常位于距离太阳最远的行星海王星的轨道之外。但有时，妊神星的椭圆形轨道会令它比另一颗矮行星冥王星更接近太阳。妊神星在称为柯伊伯带的太阳系区域内绕太阳公转。柯伊伯带开始于海王星轨道之外，是许多矮行星和数百万个其他较小天体的家园。

妊神星大约是冥王星大小的三分之一，但它比冥王星更接近长椭圆形，因此更长。妊神星需要282个地球年才能绕太阳运行一圈。妊神星的自转非常之快，每4小时就旋转一圈。由于妊神星的快速旋转，天文学家认为这颗矮行星主要由岩石构成，但由于它如此闪亮，他们认为它的表面应该覆盖着一层薄薄的冰层。

天文学家于2005年宣布发现了妊神星。当时，他们还发现两颗卫星在围绕妊神星运行。卫星被命名为妊卫一（Hi'aka，海阿卡）和妊卫二（Namaka，纳马卡），都是妊神的女儿。海阿卡是夏威夷岛和草裙舞者的守护神，纳马卡是夏威夷神话中的水精灵。

延伸阅读：矮行星；阋神星；柯伊伯带；鸟神星；冥王星。

两个小卫星围绕着妊神星。妊神星是位于柯伊伯带上的一颗矮行星，柯伊伯带位于海王星的轨道之外。

日出卫星

Hinode

日出卫星是一架用于研究太阳的航天器。它于2006年9月22日由日本宇宙航空研究开发机构（JAXA）发射升空。

日出卫星的主要目标之一是观察太阳磁场的形成和运动。

研究人员曾使用日出卫星来研究太阳耀斑中的磁能是如何产生的。太阳耀斑是与太阳磁场相关的能量爆发。日出卫星已发现的证据表明，磁波和太阳磁场的快速变化在加热日冕过程中起着重要作用。科学家们还利用日出卫星来研究太阳磁场与太阳风形成之间的关系。

日出卫星从一极到另一极绕地球运行。这样一来，飞行器可以连续几个月观测太阳。位于东京的日本国家天文台日出科学中心负责管理这个项目。

延伸阅读： 日冕；人造卫星；太阳风；太空探索；太阳。

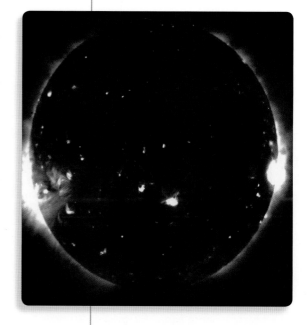

日出卫星拍摄的X射线图像中的太阳。日出卫星由JAXA发射升空。

日地关系天文台

STEREO

日地关系天文台是太空中的一对天文台。天文台是用来研究行星、恒星、星系和其他天体的设备或场所。这两个天文台可以详细研究太阳的表面如何运动和变化，还能研究太阳发射出的物质。STEREO代表Solar TErrestrial RElations Observatory，意思是日地关系天文台。2006年10月25日，美国国家航空和航天局用同一枚火箭发射了这两架航天器。

两个STEREO航天器从不同的角度观察太阳。它们一起工作，可以比一架航天器研究更多的太阳表面。科学家还可以将这两架航天器的图像结合起来，形成太阳的三维图像或视频。STEREO飞行器大致沿着地球绕太阳的轨道运行。

延伸阅读： 天文台；太空探索；太阳。

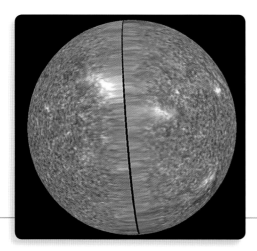

2011年2月，两架STEREO航天器拍摄了太阳的第一幅三维图像，太阳的正反两面同时出现在其中。

日冕

Corona

日冕是太阳大气层的外层。它也是太阳大气中最热的一层，温度可以达到220万摄氏度。

如果不借助望远镜或其他的光收集装置，人们就只能在日全食期间看到日冕。当月亮挡住了我们看太阳的视线时，就会发生日食。这时，日冕看起来就像从月球背面出现的一圈亮光。如果没有眼睛保护装置，永远不要直接看日全食，太阳光会损害眼睛。

日冕和太阳大气层的其他层是由被称为等离子体的类似气体的物质构成的。等离子体由称为离子的带电原子和称为电子的带电粒子等组成的，它只在极高温度下才能形成。日冕不断扩展进入太空，就会形成名为太阳风的电离粒子流。

日冕是极端暴烈的。名为太阳极羽的等离子体柱从太阳两极向外扩散，名为日冕流的气体长条纹从更接近太阳赤道的区域向外扩散。太阳大约每天都会抛出一团等离子体

日冕只有在日全食时才能看到。这幅图像是由一张日食照片和一张未被遮挡的太阳照片组合而成的。

球，这就是日冕物质抛射。

　　天文学家用基于地面或太空的专门仪器研究日冕。其中一种仪器是能遮住太阳表面那些强光的望远镜，其他一些仪器可以拍摄日冕的照片。日本人主导的日出卫星太空任务从2006年开始细致地研究日冕。

　　延伸阅读：日冕物质抛射；掩食；日出卫星；太阳风；太阳。

日冕物质抛射

Coronal mass ejection

　　日冕物质抛射是来自太阳的带电物质的巨型喷发。一次日冕物质抛射释放出来的能量，足以满足地球上超过12000年的商业用电需求。日冕物质抛射是如此之巨大，以至当其喷发的前端到达地球时，水星和金星仍然被它的尾巴所覆盖。一次典型的抛射大约以每秒800千米的速度离开太阳。

　　日冕物质抛射与太阳周围的磁场有关。当一个巨型磁泡或磁管从太阳表面之下喷发时，就会发生日冕物质抛射。大量的喷发物质被磁场扫进太阳周围称为日冕的大气层，并进入太空。这些喷发还会增加太阳放射的X射线的水平，并产生射电能量的系列脉冲。大量的抛射物质产生了科学家们所谓的"空间天气"。如果这种物质撞击到地球上，它会破坏地球周围的人造卫星。如果抛射物质足够大，它还可以对地面上的电子设备造成损害。1859年的一次日冕物质抛射撞击地球，导致美国和欧洲的电报传输线起火。1989年的另一次抛射，导致加拿大魁北克电力供应中断。

　　1997年，科学家们观察到，从太阳表面一场日冕物质抛射产生的地方，看上去像是有一个圆形波在扩散开来。2007年，天文学家证实了这类波的存在，它们有时也被称为太阳海啸。科学家们认为，产生日冕物质抛射的过程也会产生这些巨型波。在2009年观察到的一次太阳海啸测量出的高度约10万千米，并以每小时约90万千米的速度移动。

　　延伸阅读：日冕；磁暴；太阳。

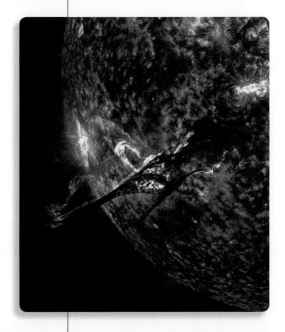

日冕物质抛射会把大量物质猛然抛入太空。这类物质爆发会对在太空中和地球上的电子设备形成威胁。

日球层

Heliosphere

日球层是包含太阳发出的带电粒子的一个巨大的泪滴状空间区域。太阳和太阳系中其余的行星都在日球层内。科学家们估计,日球层的鼻子(钝端)离太阳大约150亿~240亿千米,这个距离是从太阳到冥王星的最大距离的2~3倍。日球层的尾部拖在太阳的另一侧更远的距离处。太阳和日球层一起运动,日球层的鼻子首先通过星际空间,这个空间包含被称为星际介质的一团尘埃和气体,日球层以每秒约25千米的速度穿过介质。

太阳发出连续的粒子流,称为太阳风。这些粒子主要是微小的带电质子和电子。太阳风在太阳周围产生日球层气泡,并以每秒200~1000千米的速度远离太阳。

当太阳和日球层在太空移动时,恒星云和太阳风相互抵抗。随着太阳风向空间扩展,太阳风的能量逐渐降低;当太阳风接近日球层的边缘,粒子开始遇到来自星际介质的更多阻力;最后,太阳风停止向外流动,这大致是日球层的边缘。1977年美国国家航空和航天局发射的旅行者号太空探测器是第一个探测日球层外层的航天器。2013年,美国国家航空和航天局宣布,旅行者1号已于2012年飞出了日球层最外层的日球层鞘。那一刻,它成为第一个到达星际空间的人造天体。2008年发射的太空探测器IBEX正在测绘日球层。1997年发射的卡西尼号探测器也测绘了日球层。来自IBEX和卡西尼号的数据使科学家能够创建日球层的第一幅全天图。

延伸阅读: 卡西尼号;星际介质;太阳风;太阳;旅行者号。

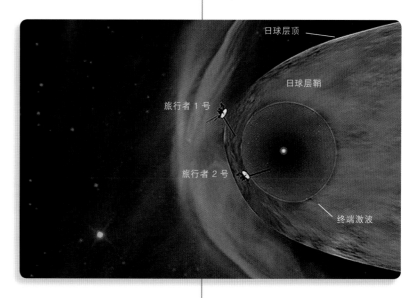

2012年,美国国家航空和航天局的旅行者1号成为第一个飞出日球层鞘并到达星际空间的太空探测器。

日球层顶

日球层鞘

旅行者 1 号

旅行者 2 号

终端激波

沙曼

Sharman，Helen

海伦·沙曼（1963— ）是第一个到太空旅行的英国人。1991年5月18日，载有沙曼和两名苏联宇航员的宇宙飞船——苏联联盟TM−12号从哈萨克斯坦的发射场发射升空。在苏联和平号空间站停留8天之后，沙曼于5月26日乘坐联盟TM−11号飞船返回地球。

沙曼

沙曼的任务是朱诺计划的一部分，朱诺计划是英国和苏联在和平号空间站上执行的太空任务。英国为给朱诺计划招募宇航员，曾进行一项全国性的广告活动。沙曼是从13000名申请者中挑选出来的，为执行任务她在苏联接受了训练。

沙曼出生于英国谢菲尔德。她在谢菲尔德大学学习化学。有了宇航员的经历后，她开始做公开演讲，她还参与了改善英国科学教育的一场运动。沙曼将她的经历写在了书籍《把握此刻》和儿童书籍《太空》中。

延伸阅读：宇航员；和平号空间站；太空探索。

沙普利

Shapley，Harlow

哈罗·沙普利（1885—1972）是美国天文学家。他为确定银河系的大小和太阳系在其中的位置做出了贡献。

沙普利研究变星。变星的亮度会变化，从而形成有规律的亮暗循环。这些拥有明暗变化的恒星常出现在结合紧密的星群中，这些星群称为球状星团。沙普利在靠近银河系中心的地方观察到大量的这种星群，沙普利首先测量了这些星团中变星的亮度，然后计算了它们与地球的距离。他发现太阳系更靠近星系边缘而不是星系中心。他还指出，银河系比天文学家当时所认为的要大得多。

沙普利出生于密苏里州纳什维尔。他于1913年在普林斯顿大学获得博士学位。从1921年到1952年，沙普利担任哈佛大学天文台台长。

延伸阅读： 天文学；星系；银河。

参宿四

Betelgeuse

参宿四是猎户座里最亮的恒星之一，也叫猎户座α。它发出的光的亮度至少相当于太阳的10万倍。自人们开始观察参宿四以来，这颗恒星的亮度和大小已经发生了变化。

参宿四离地球至少495光年，它也可能位于离我们更远的640光年处。1光年约等于9.46万亿千米。

天文学家将参宿四分类为红超巨星（一种燃尽了几乎所有燃料的大质量恒星）。这颗恒星呈现深红色，那是因为对一颗恒星来说它的表面温度很低，只有太阳的一半。但是参宿四的直径达到了太阳的600～800倍，这种规模的恒星最终会爆炸，形成超新星。当参宿四变成一颗超新星时，它的亮度将会比现在亮数百万倍。如果在地球上用肉眼观察，它甚至会暂时比月亮还亮。

2009年，科学家发现参宿四周围包裹着一团气体云。这团云实在太大了，如果它在太阳系里，会从太阳一直延伸到海王星。这一发现提供了更多证据，表明参宿四正处在成为超新星之前最后的生命阶段。

延伸阅读： 猎户座；恒星；太阳；超新星。

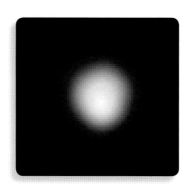

参宿四是一颗红超巨星（左下图），它位于猎户星座（下图）的一个肩膀上。

甚大望远镜

Very Large Telescope

　　甚大望远镜是世界上最强大的望远镜之一，位于智利帕拉纳尔山的帕拉纳尔天文台。

　　甚大望远镜实际上由8个独立的望远镜组成。天文学家可以把这些望远镜组合起来作为一个望远镜使用，也可以单独使用它们。甚大望远镜的4个最大的望远镜称为单元望远镜，每个的镜面有8.2米宽，其他4个辅助望远镜的镜面有1.8米宽。

　　1998年5月，科学家通过一个单元望远镜进行了首次观测。甚大望远镜建成于2006年。

　　延伸阅读：天文台；望远镜。

甚大望远镜由8个独立的望远镜组成，可以作为一个仪器使用。在这张图上，有人正用激光协助"看穿"地球大气层。

狮子座

Leo

　　狮子座是以狮子形象而著称的星座。它位于巨蟹座和室女座之间，最佳观测时间是3—5月。著名的狮子座流星雨就出现在狮子座。

　　用狮子座中不同数量的恒星可以绘制出狮子座的多种形象。其中一种用到13颗主要的恒星——4颗恒星组成了狮子的头部，另外5颗恒星组成的五边形构成了狮子的颈部和鬃毛，剩下的恒星构成一个矩形的躯体、两条腿和一条尾巴。如果用更少的恒星，通常就需要省去腿部，或者从头部、颈部和鬃毛上减去几颗星星。

　　狮子座是古希腊数学家托勒玫确定的48个星座之一，也是国际天文学联合会（IAU）确认的88个星座之一。

　　延伸阅读：占星术；星座；狮子座流星雨；托勒玫；恒星；黄道带。

狮子座狮子的形象可以用多种形式绘制出来。

狮子座流星雨

Leonids

狮子座流星雨是看似来自狮子座的一群流星。引发狮子座流星雨的流星体环绕太阳运行，每年11月17日左右其轨道与地球轨道交汇。当流星体进入大气层后，便形成可为人所见的流星。

大多数年份，狮子座流星雨的流星并不多。但每过33年，当地球穿过流星群最致密的部分时，就可以看到一次狮子座流星暴雨。1999年就发生了一次狮子座流星暴雨，下一次这样的狮子座流星暴雨预计将发生于2032年。

延伸阅读： 狮子座；流星和陨石。

狮子座流星雨的流星划过西班牙一座瞭望塔上的天空。这是一张曝光时间为20多分钟的延时摄影照片。

施密特

Schmidt, Brian Paul

布莱恩·保罗·施密特（1967— ）是一位美国科学家。他获得了2011年诺贝尔物理学奖。施密特与美国科学家索尔·珀尔马特和亚当·里斯三人因为发现宇宙的膨胀正在加速而共同获得了该奖项。他们的发现使科学家们认为宇宙中充满了一种称为暗能量的神秘能量。科学家认为，暗能量正推动宇宙演化，使宇宙内部的物体以越来越快的速度彼此分离。

施密特出生在蒙大拿州米苏拉。1989年，他从亚利桑那大学毕业，然后进入哈佛大学攻读硕士和博士学位。1995年，他加入了澳大利亚堪培拉附近的斯特朗洛山天文台。

延伸阅读： 大爆炸；珀尔马特；里斯；宇宙。

施密特

时空

Space-time

时空是一个用来表示空间和时间如何相关的术语。时空指一套特殊的规则，这些规则由出生在德国的美国物理学家爱因斯坦创立。在爱因斯坦理论的复杂数学运算中，时间和空间不是绝对分离的。相反，时空是时间维度与空间长度、宽度和高度三个维度的组合，因此，时空是四维的。

爱因斯坦在阐释狭义相对论时首次提到时空。狭义相对论描述了空间和时间之间是如何紧密联系的，这比以往任何科学家都想得更加深入。

观察空间和时间关系的一种简单方法是考虑两个人之间的一次会面。为了让两个人相遇，必须有一个地点。一个地点包括空间的三个维度，但是如果两个人不确定会面的时间，他们可能不会同时来到那个地点。因此，为了能够会面，双方必须在时间和地点上都达成一致。

延伸阅读：宇宙学；第四维度；太空；宇宙。

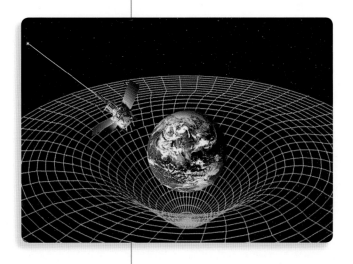

图中可以看到引力探测器B绕地球轨道运行，这幅图展示了地球的质量是如何扭曲时空的。2007年，来自该探测器的证据证实了爱因斯坦关于时空的一些观点。

室女座

Virgo

室女座是最大的星座之一。

室女座是一个星座，也叫处女座。在北半球和南半球的大部分地区都可以看到处女座。

室女座有很多画法，画面通常类似于一个人的线描或简笔画，四颗星一起组成了头部。在室女座中可以看到在地球天空中最亮的类星体。类星体是一些星系中心的非常明亮的天体。

室女座是古希腊数学家托勒玫定义的48个星座之一。如今，它是国际天文学联合会（IAU）确认的88个星座之一。

延伸阅读： 占星术；星座；托勒玫；类星体；恒星；黄道带。

双星

Binary star

双星是一对相互绕转的恒星。这对恒星通过引力保持在一起。但从地球上观察，即使通过大多数望远镜，很多双星通常看起来也像是单颗恒星。在某些情况下，会有两颗以上的恒星相互绕转。

一些双星中的恒星极为接近，以致它们几乎触及彼此。在这些双星中，每颗恒星的引力都会扭曲它的伴星，这会导致在两颗恒星的表面形成巨大的潮汐。一颗恒星可能会成为X射线脉冲星，即一种以精确时间间隔爆发的方式辐射X射线的恒星。其他密近双星会发出强大的射电波。在彼此更靠近的双星中，其中一颗恒星会从另一颗恒星身上夺取物质。这样的物质可能爆炸，导致恒星发出明亮的闪光。某些双星系统的恒星看起来在绕另一个不可见的天体运行，这个不可见天体可能是一个黑洞。黑洞是一种引力非常强大的天体，即使光也不能从它里面逃离。

延伸阅读： 黑洞；引力；脉冲星；恒星。

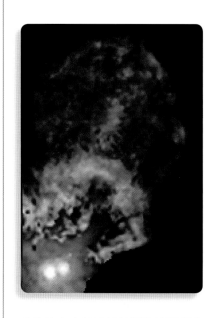

在哈勃太空望远镜拍摄的这张照片里，一个名为金牛座XZ的年轻双星系统正在喷射出大量的热气体。热气体延伸到太空里近960亿千米。

双鱼座

Pisces

双鱼座是一个星座。在北半球和南半球的大部分地区都可以看到。最佳观赏日期是9—11月。双鱼座几乎没有亮星，因此很难辨认出来，观察的时候最好远离明亮的城市灯光。

据说双鱼座代表两条鱼。这个星座可以用几种不同的方式绘制，其恒星通常连接成V形，"V"的每条边代表一条鱼。

双鱼座是古希腊数学家托勒玫描述的48个星座之一。如今，它是国际天文学联合会确认的88个星座中的一个。

延伸阅读： 占星术；星座；托勒玫；恒星；黄道带。

双鱼座代表的是两条鱼。

双子座

Gemini

双子座是一个星座，以希腊神话中的孪生兄弟卡斯托尔和波吕克斯的名字命名。两兄弟是很好的伙伴。作为神灵，他们是运动员和海上水手的保护神，能呼风唤雨。

双子座出现在北方的天空，最佳观测时间为1-3月前后。在绘图时，双子座通常包括大约17颗恒星。把它们连接起来后，星星形成一幅传统简笔画，画中是两个手牵手的人。两颗明亮的恒星，也叫卡斯托尔和波吕克斯，代表两兄弟的头部。

双子座是古希腊数学家托勒玫定义的48个星座之一。今天，它是国际天文学联合会确认的88个星座之一。国际天文学联合会是为天体命名的主要机构。

延伸阅读： 占星术；星座；托勒玫；恒星；黄道带。

双子座代表双胞胎兄弟卡斯托尔和波吕克斯。

水星

Mercury

水星是距离太阳最近的行星，离太阳平均距离5791万千米。古罗马人用古代传说中能快速飞行的诸神信使之名为水星命名，因为水星绕太阳运行的速度比其他任何行星都快。

水星直径只有约4879千米，大约是地球直径的五分之二，比木星卫星木卫三和土星卫星土卫六还要小。由于水星较小，而且离太阳太近，在地球上不用望远镜很难看到它。有时，在日落之后不久或日出之前不久，可以在天空中看到水星。

水星环绕太阳一周需要约88个地球日。水星上的一天约为59个地球日。有时，每隔3年或13年，水星会恰好位于地球和太阳之间，这时，水星看起来就像是太阳上的一个黑点。

水星上很干燥，非常炎热，几乎没有大气。阳光辐射强度大约是地球上的7倍。白天，水星上的温度可达450℃，夜间又会降到−170℃。由于水星上没有大气，科学家们认为水星上很难有任何形式的生命存在。由于没有大气，水星上的天空背景是黑暗的，白天也能看到星星。

水星表面有广大平缓的区域、陡峭的悬崖以及陨石撞击形成的环形山。当流星体或者小彗星撞击水星表面时，便形成了环形山。水星没有足够的大气，无法用大气摩擦力来减缓和烧熔这些撞击物。对水星的研究表明，水星两极地区的环形山内可能有水冰。这些环形山的底部被遮挡，永远无法受到阳光照射，因此温度一直很低，冰不会融化。

科学家认为，水星内部和地球内部比较类似。两颗行星都拥有外层的壳和地壳之下的岩石质中间层——幔，水星也应像地球一样，有一个铁质核心。

美国的水手10号是第一个抵达水星的探测器。这艘被远程遥控的飞船在1974年3月29日从距离水星740千米处掠过。1974年9月24日和1975年3月16日，水手10号再次飞掠水星。在这几次飞掠期间，水手10号拍摄了水星部分表面的照片，也发现了水星的磁场。

2004年，美国发射信使号探测器，计划绘制水星表面的

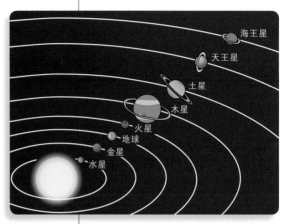

水星是离太阳最近的行星。

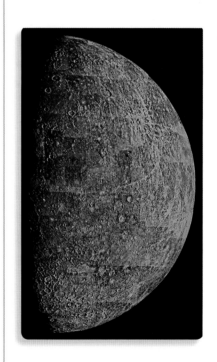

美国水手10号探测器于1974年拍摄了水星的首批近距离照片，揭示了水星表面的许多从未为人所见的细节。

地图，研究水星的结构。2011—2015年，信使号环绕水星运行，在水星的地理构造方面有很多惊人的发现。

延伸阅读： 昏星；陨击坑；信使号；行星；太空探索；凌。

水星表面被环形山以及熔岩流动形成的平原覆盖。

斯隆数字巡天

Sloan Digital Sky Survey

斯隆数字巡天是一个绘制夜空地图的项目。它的目标是在宇宙的一片广大范围内创建一个恒星、星系和其他天体的普查数据库。在天文学的各个领域中，专业天文学者和学生都使用着该项目的数据。在新墨西哥州森史波特附近的阿帕奇天文台，天文学家使用望远镜进行了这项调查。

这一项目望远镜的主镜直径2.5米。该望远镜拍摄夜空图像，并记录图像中出现的天体。自1998年该项目开始运作以来，已经对数亿个天体编制了数据表。按计划它将持续到2020年。

这一项目的望远镜正在对数以亿计的恒星、星系和其他天体编制数据表。这些信息有助于天文学家测量这些天体与地球的距离。这项调查正在绘制有史以来最详细的星系地图。天文学家可以将这张地图与各种模型进行比较，以检验关于宇宙及其天体演化的各种理论。例如，来自该项目的信息已经证实，宇宙的大部分由暗能量

斯隆数字巡天项目使用一架直径2.5米的望远镜来收集可见光。这是一项雄心勃勃的夜空普查。该项目已经对3.5亿多个天体进行了分类。

组成，暗能量是一种人们几乎并不了解的能量形式。

这项调查还对我们自己的星系——银河系中的恒星编制了数据表。结果显示，这些恒星以一种不均匀的"团块状"方式分布，这种团块状似乎是银河系碰撞和吸收小星系的结果。

斯隆数字巡天项目已经揭开了许多以前未知天体的神秘面纱。调查发现了一些已知最遥远的星系，这些星系距地球约130亿光年。在银河系内，调查发现了一种称为褐矮星的冷而暗的天体。褐矮星的质量比行星大，但比恒星小。斯隆数字巡天项目还提供了暗物质存在的证据。

一个名为天体物理研究联盟的学术机构合作组管理着斯隆数字巡天项目。

延伸阅读： 褐矮星；暗物质；星系；恒星；望远镜。

斯皮策

Spitzer, Lyman, Jr.

莱曼·斯皮策（1914—1997）是一位美国科学家。他提出了把望远镜送入太空的第一个具有说服力的建议。斯皮策的研究集中在等离子体上，这是一种由带电荷的原子粒子构成的物质形式。他还研究了星际介质，即恒星之间的气体和尘埃。

1946年，斯皮策提出，在太空中安放望远镜可以让天文学家避免由地球大气层引起的问题。大气层是环绕地球的气体层，它阻碍了到达地球表面的光。斯皮策的想法最终促成了哈勃太空望远镜在1990年的发射。斯皮策太空望远镜就是以他的姓氏命名的，2003年由美国国家航空和航天局发射升空。

斯皮策还领导了在地面上的实验室里制造热等离子体的工作。1951年，他成为普林斯顿等离子体物理实验室的首任主任。

斯皮策出生于俄亥俄州托莱多。1938年，他在普林斯顿

斯皮策

大学获得博士学位。1939年，他加入耶鲁大学。1947年，斯皮策回到普林斯顿，他在那里一直工作到1997年去世。

延伸阅读： 星际介质；哈勃太空望远镜；太空探索；斯皮策太空望远镜；望远镜。

斯皮策太空望远镜

Spitzer Space Telescope

斯皮策太空望远镜是一架收集来自遥远物体的红外线航天器。有些天体发出热，但几乎不发出可见光，斯皮策望远镜能比其他许多望远镜更清楚地看到这些天体。

斯皮策太空望远镜跟随着地球围绕太阳旋转。因为望远镜在太空，所以它可以研究地面望远镜看不到的物体。科学家们利用斯皮策望远镜研究恒星和行星的形成、小行星和其他近地天体，以及遥远的星系。

该望远镜是由美国国家航空和航天局发射的。他们以美国天文学家莱曼·斯皮策的姓氏命名它。他是第一个提出向太空发射大型望远镜的人。

延伸阅读： 太阳系外行星；斯皮策；人造卫星；望远镜。

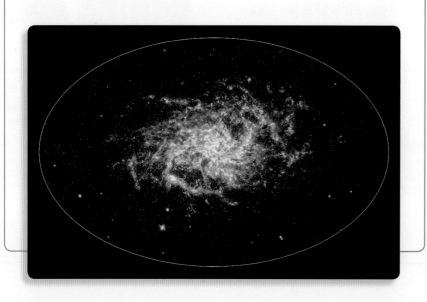

在斯皮策太空望远镜拍摄的伪色彩图像中，三角星系闪烁着彩色的光。

苏梅克，卡罗琳
Shoemaker, Carolyn

卡罗琳·苏梅克（1929— ）是美国天文学家。她发现了800多颗小行星，并且她发现的彗星数量比任何人都多。她获得过许多科学奖项。

她最为人所知的发现，可能是她与天文学家戴维·H.列维，以及她的丈夫、行星科学家尤金·苏梅克共同发现了苏梅克—列维9号彗星。1994年，这颗彗星与木星相撞时，引起了全世界的关注。

卡罗琳出生于新墨西哥州盖洛普。1980年，51岁的她开始从事天文学研究。

延伸阅读： 小行星；天文学；彗星；苏梅克，尤金·默尔。

尤金和卡罗琳·苏梅克夫妇

苏梅克，尤金·默尔
Shoemaker, Eugene Merle

尤金·默尔·苏梅克（1928—1997）是美国行星科学家和地质学家。苏梅克创立了天体地质学，即研究太空中天体的地质学。他还警告人们注意彗星或小行星有撞击地球的危险。

苏梅克研究了小行星、彗星撞击行星或卫星时会发生什么情况。他证明了亚利桑那州的陨击坑是小行星撞击地球时形成的。

苏梅克发现了32颗彗星和许多小行星。1993年，他与妻子卡罗琳·苏梅克和天文学家戴维·H.列维共同发现了苏梅克—列维9号彗星。1994年，人们观测到这颗彗星撞击了木星。

苏梅克出生在洛杉矶。他曾就读于加利福尼亚理工学院和普林斯顿大学。

延伸阅读： 小行星；天文学；彗星；苏梅克，卡罗琳。

太空

Space

太空是恒星、行星和宇宙中其他天体之间的区域。宇宙中所有的物体都在太空中运动。它是如此辽阔，人类无法直接测量。科学家们发现，太空中没有一个地方真正是空的。

对地球来说，太空始于大气层的顶部。大气层和外太空之间没有清晰的界限。但是大多数科学家都同意太空始于距地球表面约95千米的地方。

大气层上方的太空并不完全是空的。它含有一些空气粒子、太空尘埃和偶尔出现的块状金属质或石质的流星体。不同种类的辐射在此区域自由流动。已经有成千上万个航天器被发射到这一太空区域。

行星之间的太空称为行星际空间。在行星际空间运动的天体之间常常隔着巨大的距离。例如，地球在距离太阳约1.5亿千米处进行着公转。海王星是离太阳最远的行星，与太阳的距离大约是日地距离的30倍。

恒星之间的太空称为星际空间。这个区域里天体之间的距离大到天文学家无法用千米来描述它们。那里的距离是以光年为单位来度量的。一光年等于9.46万亿千米，这是光在真空中以每秒299792千米的速度在一年内传播的距离。

例如，离太阳最近的恒星是半人马座比邻星。它距离我们4.2光年。这意味着，假如你能以光速旅行，你需要4.2年才能到达比邻星。一架喷气式飞机每小时飞行800千米，需要飞行134万年才能飞行1光年。各种气体、极冷的尘埃薄云和一些逃逸的彗星漂浮在恒星之间。星际空间也有许多尚未被发现的天体。

太空是黑暗的，造成太空黑暗的原因有很多。宇宙中大部分的直射光由恒星发出，它们离我们很远很远，只有少量的光到达我们这里。此外，靠近我们的天体，如行星和卫星，发出的是反射光，而反射光比直射光暗得多。

尽管在太空中移动的天体有温度，但太空没有温度。天体的温度取决于它是由什么材料制成的，以及它是否处于阳光直射下。

延伸阅读： 星系；星际介质；光年；行星；半人马座比邻星；太空探索；时空；恒星；宇宙。

太空垃圾

Space debris

太空垃圾是由人造物体组成的，这些物体仍在绕地球运行的轨道上，但没有任何用处。太空垃圾有时也被称为太空碎片。它的范围很大，从使用过的火箭各级到从航天器上脱落的微小油漆片，还包括许多太空任务在轨道上留下的螺栓、工具和科学仪器保护罩等物体。太空垃圾不包括工作中的卫星，也不包括称为流星体的天然物质块。

科学家已经确认了数千块太空垃圾。太空机构正使用雷达和望远镜追踪大约10000个大于10厘米的物体。太空专家担心与太空垃圾的碰撞会损坏航天器或伤害宇航员。与一大块垃圾相撞可能摧毁一颗卫星，但大多数碰撞涉及的是造成轻微损伤的小碎片。2009年初发生了第一起正在工作的卫星被太空垃圾摧毁的事件：一颗已停止工作的俄罗斯卫星与一颗美国卫星相撞，两者都被撞毁。

一些处于高空轨道的太空垃圾可能会永远停留在轨道上。在低空轨道上运行的垃圾与地球上层大气摩擦后可能会减速并降低到离地球更近的地方，最终，这些垃圾重新进入地球大气层，要么因摩擦而烧毁，要么撞击地面或海洋。在地球上只发现过几块从太空返回的垃圾，没有这些垃圾造成人员伤亡或财产损失的报告。太空机构正在探索减少轨道上的空间垃圾数量的方法。

延伸阅读：人造卫星；太空探索。

计算机生成的地球图像上的白点标出了轨道上物体的位置。图中显示的物体中有95%是垃圾。（这些点的显示比例比它们所代表的物体要大。）

太空探索

Space exploration

太空探索是进入太空收集有关地球和地球以外宇宙的信息的活动。太空探索是对人类好奇心的一种回应，它帮助我们看到地球与宇宙其他部分的真实关系，极大提高了我们对地球和其他宇宙天体历史的认识。它甚至可能帮助我们回答所有时代以来最重要的问题之一：我们在宇宙中是孤独的吗？

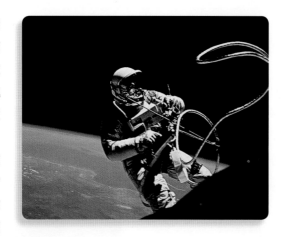

　　人类已经驾驶航天器到达过月球，并在空间站生活了很长一段时间。无人驾驶的太空探测器已经访问并研究了太阳、月球、其他行星及卫星、彗星、小行星。它们收集了关于遥远的恒星和星系的信息，甚至把天体的样本带回了地球。

　　太空旅行对人类来说是非常危险的。太空中没有空气，温度达到了高温和低温的极限。太阳会发出危险的辐射，各种各样的物质也在太空中制造危险。例如，灰尘颗粒会产生高速撞击，从而威胁航天器的安全。以往太空任务的垃圾也可能损坏航天器。

　　载人的宇宙飞船必须提供人类生存所需的一切。飞船必须提供饮用水和用于呼吸的空气，还必须有加热和冷却控制，以保持温度舒适。飞船上特殊的厕所能把废物吸进收集容器，饮食必须易于制作和储存。垃圾存放在飞船上不用的地方，之后被扔出飞船或带回地球。

1969年，宇航员巴兹·奥尔德林（Buzz Aldrin）在执行阿波罗11号任务时走在月球静海上，这是首次将人类送上月球表面的太空任务。奥尔德林和尼尔·阿姆斯特朗一起登上月球，阿姆斯特朗拍下了这张照片。

　　进入太空后，宇航员就会开始执行他们的任务。他们收集关于地球、恒星和太阳的信息，试验失重对各种材料、植物、动物和他们自己的影响，也修理、更换或者建造各种设备。宇航员使用无线电、电视、计算机和其他设备与地球上的任务控制中心通信。

　　宇航员穿着特殊的宇航服才能在宇宙飞船外工作。宇航服可以持续工作6~8个小时。这套衣服有好几层料子，使宇航员不会太热或太冷，并能防止撞击。背包里的设备为宇航员提供呼吸的空气，头盔可以阻挡来自太阳的强而有害的射线，薄而灵活的手套使宇航员能够触摸小物体和操作工具。宇航员通过无线电与队友们和任务控制中心联系。

　　所有目标比月球更远的太空探索都由太空探测器进行。自20世纪60年代以来，这些人造航天器一直在探索其他星球。最早的探测器携带简单的仪器，如照相机。现代探测器携带的仪器可以执行更复杂的任务。这些针对太阳系其他天体的任务包括揭示其内部结构，感应其磁场，以及在其大气层中采样。

　　太空探测器在目标附近绕轨运行，或在较长的旅途中飞掠它。然而，也有一些航天器一直到达行星或卫星的表面。着陆器降落在表面上，向地球传回关于它们周围环境的信息。探测车可以在天体表面上移动，能够观察到许多不同的区域和结构。人们已经将着陆器和探测车送往过月球、火星、金星、土星的卫星土卫六和一些小行星。2013年9月和2018年12月，旅行者1号和2号两颗太空探测器成为首批冒险进入星际空间的航天器。

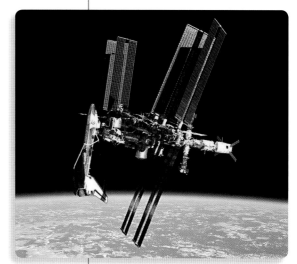

第一张航天飞机与太空实验室对接的照片中，奋进号航天飞机和国际空间站高悬在地球上空。2011年5月23日，当一位意大利宇航员和另两名宇航员乘坐联盟号飞船离开国际空间站时，从俄罗斯联盟号飞船上拍摄了这张照片。

　　太空时代始于1957年10月4日。在那一天，苏联发射了第一颗人造卫星——卫星1号，它绕地球轨道运行。美国和其他西方国家对卫星发射的反应是惊讶、恐惧以及尊重。美国领导人誓言要尽一切努力迎头赶上。1958年1月31日，美国发射了第一颗卫星探索者1号。同年，美国政府还成立了美国国家航空和航天局，来计划和执行美国的太空任务。

　　在太空时代的早期，太空领域的成功成为衡量一个国家在科学、工程和国防方面领导力的标准。美国和苏联当时正处于一场被称为冷战的激烈竞争中，这就导致两国在发展太空项目上相互竞争。在20世纪60年代和70年代，这种"太空竞赛"促使两国在太空探索上做出了巨大的努力。到了70年代末，太空竞赛已逐渐消失。

　　苏联宇航员尤里·加加林是第一个在太空旅行的人。1961年4月12日，他进行了太空飞行。第一个进入太空的美国人是宇航员艾伦·B.谢泼德，1961年5月5日，他执行了一次15分钟的亚轨道任务——即没有达到绕地球轨道飞行所需的速度和高度。1962年2月20日，约翰·H.格伦成为第一个绕地球轨道飞行的美国人。

　　1958年，美国和苏联都开始向月球发射探测器。第一个接近月球的探测器是1959年1月2日由苏联发射的月球1号。人类首次飞向月球是在1968年12月，美国发射了阿波罗8号宇宙飞船，它绕月球运行了10圈后安全返回地球。1969年7月，美国宇航员尼尔·阿姆斯特朗和巴兹·奥尔德林成为第一批登上月球的人。

1971年4月19日，苏联发射了第一个空间站——礼炮1号，又在1986年发射了另一个空间站——和平号。美国的第一个空间站是太空实验室，于1973年5月14日由土星5号火箭发射进入轨道。1998年，美国和俄罗斯与其他13个国家一起发射了国际空间站的第一部分。第一批全职宇航员——一名美国宇航员和两名俄罗斯宇航员——在2000年入驻了空间站。

2004年6月21日，第一艘由私人资助的载人航天飞船——太空船一号与用来发射这一火箭的飞机"白骑士"一起升空。发射后，太空船一号飞行高度超过100千米。

20世纪90年代，私营公司对太空产生了兴趣。2004年6月21日，加利福尼亚州莫哈韦的Scaled Composites公司成为第一家将人送入太空的私营公司。该公司的火箭名为太空船一号，搭载美国试飞员迈克尔·梅尔维尔在地球上空进行了一次短暂的试飞，飞行高度超过100千米。

有几家公司与美国国家航空和航天局合作开发航天器。2012年5月，SpaceX的一艘无人驾驶货运舱成为首艘向国际空间站运送补给的私人运营航天器。它是由位于加利福尼亚州霍桑的太空探索技术公司建造的。

2013年4月17日，位于弗吉尼亚州杜勒斯的轨道科学公司（现为Orbital ATK公司）在一次试飞中发射了第一枚名为大火星的火箭。与SpaceX一样，轨道科学公司也与美国国家航空和航天局达成协议，向国际空间站运送货物。私营公司也在开发用于长途飞行和载人飞行的航天器。

延伸阅读： 航空航天医学；宇航员；加拿大航天局；挑战者号事故；中国国家航天局；哥伦比亚号事故；欧洲空间局；地外智慧生命；印度太空研究组织；喷气推进实验室；约翰逊航天中心；肯尼迪航天中心；月球；美国国家航空和航天局；美国国家航空航天博物馆；天文台；火箭；人造卫星；太空；SpaceX公司；望远镜。

太阳

Sun

太阳是太阳系中心的恒星。太阳系中的所有物体，包括地球、其他七大行星及其卫星、矮行星和许多更小的物体都绕太阳运转。如果天空中没有这个火球，我们所知道的生命就不会存在。地球上几乎所有的生物，包括植物、动物和人，都需要太阳释放的能量才能生存。

尽管太阳对我们很重要，但它只是银河系中的数千亿颗恒星之一。

如果我们能从太阳系外的行星上看到太阳，它就会成为天空中众多恒星之一。

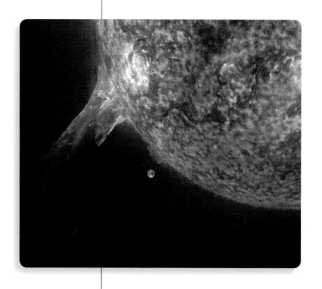

太阳是如此巨大，以至于它里面放得下大约100万个地球。（这幅图没有显示地球到太阳的真实距离。）

理解太阳有多大很难。太阳占整个太阳系质量的99.8%。换句话说，太阳的质量是太阳系所有行星、卫星、小行星和其他天体质量总和的500多倍。由于太阳的质量巨大，它的引力作用非常强大，这种引力甚至使在最遥远行星海王星轨道以外很远的天体也围绕太阳运行。太阳的半径约为696500千米，是地球半径的100多倍，在太阳内部大约可以容纳100万个地球。但是与宇宙中其他已知的恒星相比，太阳的大小只是中等。

太阳释放的大部分能量是可见光和一种相关形式的辐射，叫红外线，就是我们感觉到的热量。可见光和红外线是两种形式的电磁辐射。辐射可以看作能量波，也可以看作被叫作光子的能量"包"。

太阳的能量来自发生在日核深处的核聚变反应。在聚变反应中，两个原子的核熔合在一起形成一个新的核。核聚变通过聚变把核物质转化为能量。

太阳几乎完全由氢和氦等离子体组成。等离子体是带电物质的一种形式，其行为很像气体。等离子体因太阳的高热将原子分开而形成。由于等离子体有电荷，对磁性很敏感。太阳的带电粒子不断地向四面八方流动，成为太阳风。

太阳表面部分的温度大约是5500℃。太阳的内部温度要高达几百万摄氏度。此外，太阳表面以上被称为日冕的大气层的温度也比表面温度高很多倍。

太阳和地球一样，是磁体，也有磁场。磁场是一个在其中可以探测到磁力的区域。太阳的磁场在一些小区域高度集中，这些地区的磁场强度可能是一般磁场强度的3000倍。这些区域在太阳表面及其大气中赋予太阳物质各种各样的特征。这些特征不仅包括相对较冷、较暗的太阳黑子结构，还包括壮观的物质和能量喷发，这种喷发称为耀斑或日冕物质抛射。

　　科学家认为，太阳诞生于大约46亿年前的一团巨大的气体和尘埃云中。太空中有许多像这样的云团，当引力的作用使这些云中的物质更加靠近时，就会产生新的恒星。当物质聚集在一起后就变得更热，当其中心变得足够热时，气体和尘埃的集合体开始核聚变，并发光成为恒星。

　　太阳有足够的燃料让它在接下来的50亿年里基本保持不变。然后它会变大成为红巨星，届时它的外层可能会超出水星目前的轨道。在太阳生命的后期，它会抛掉外层，剩余的核心将坍塌成为一个白矮星，并将慢慢暗淡下去。最终，太阳会变成一种暗弱的、冷却的天体——有时称为黑矮星。

　　科学家通过太阳的图像来研究太阳，这些图像是由安装在地面或太空望远镜上的摄像机拍摄的。科学家还分析来自太阳的辐射，这能帮助他们了解太阳的运动、化学组成和温度。强大的计算机是科学家研究太阳的另一个重要工具，帮助科学家们模拟太阳是如何产生辐射的。这种模拟类似于电子游戏模拟真实情境的方式。

　延伸阅读： 日冕；日冕物质抛射；掩食；引力；日球层；日出卫星；磁暴；太阳动力学天文台；太阳风；恒星；太阳黑子；凌；白矮星。

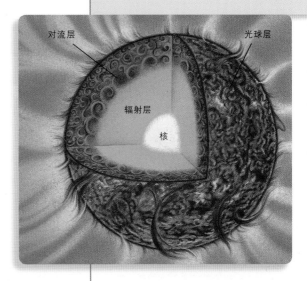

太阳由几个层组成。能量从核流经辐射层和对流层。薄薄的光球层是太阳大气层最低的部分，产生了我们所看到的光。在光球层的上方是另外两个大气区域——色球层和日冕。

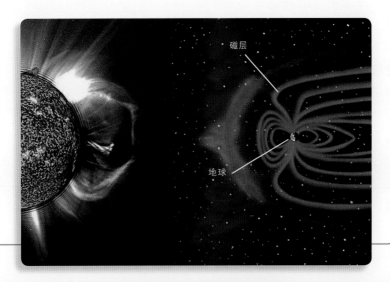

从太阳流向四面八方的带电粒子叫作太阳风。地球周围称为磁层的磁性区域阻止了这些粒子到达地球。

太阳动力学天文台

Solar Dynamics Observatory

太阳动力学天文台是在地球轨道上运行的一架太空望远镜,科学家们用它来测量太阳磁场并将其成像。磁场是围绕着一个磁性物体的区域,磁场是不可见的,但它的影响可以被感受到。美国国家航空和航天局于2010年发射了该架望远镜。

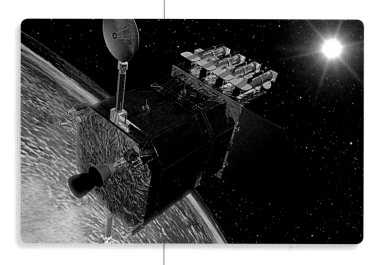

这架望远镜通过记录太阳等离子体的变化来间接观察太阳磁场。研究人员通过研究等离子体的变化来了解磁能是如何在太阳内部产生,并在太阳表面以不同类型的能量释放出来。如果这种大量释放的能量直接袭击地球,它可能会切断电力供应,损坏卫星,或干扰无线电传输。

太阳动力学天文台处于地球同步轨道上。这意味着它绕地球旋转的速度与地球自转的速度相同,使得它能够总是待在新墨西哥州的通信站上方。

太阳动力学天文台每天绕地球一周,它的运行轨道使其总是既能看到太阳,又能与它在新墨西哥州的通信站保持联系。

延伸阅读: 日冕物质抛射;磁暴。

太阳风

Solar Wind

太阳风是由来自太阳的持续的微小粒子流形成的。这些粒子主要来自日冕,即太阳的外层。

日冕中的高温加热了气体,热量使气体膨胀。气体中的许多原子发生碰撞,原子失去了电子。在这个过程中带电荷的原子成为离子,电子和离子——主要是氢离子从太阳向外流出。这些粒子构成了太阳风。太阳风的粒子行进速度非常快,在250~1000千米/秒之间。

在太阳系周围由太阳风形成的巨大气泡称为日球层。日球层的尽头离太阳至少有160亿千米远。在日球层的尽头附近，太阳风开始减慢，最终停止。1959年，苏联月球2号航天器证明了太阳风的存在，并首次测量了太阳风的性质。美国一些航天器也研究过这种风。

太阳风在极光的形成中起着重要作用。它挤压地球的磁层，其中的粒子使已经在磁层中的带电粒子与地球大气层中的粒子碰撞。这种碰撞以极光的形式释放能量。

延伸阅读：极光；日冕；日球层；太阳。

极光闪烁的绿色光带。这是由大气中被太阳风里高能粒子击中的原子发出的光。

太阳黑子

Sunspot

太阳黑子是太阳表面的黑色区域。太阳黑子之所以显得暗是因为它们比你看到的太阳表面其他部分的温度要低。太阳黑子的温度可能只有4000℃，而它们周围的环境有6000℃。

大黑子有一个黑暗的中心区域叫作本影，它周围有一个较亮的区域叫作半影。小黑子没有半影。太阳黑子的数量和位置按照太阳黑子周期的规律发生着变化，约每11年重复一次。

太阳黑子有很强的磁场，这些磁场的强度是太阳或地球平均磁场强度的3000倍。太阳黑子的形成被认为与这些强磁场有关。

延伸阅读：磁暴；太阳。

太阳大黑子的直径约为3.2万千米，持续时间长达数月。太阳小黑子的直径可能有几百千米，只持续几小时。

太阳系

Solar System

太阳系是由太阳、各大行星和其他围绕太阳运转的较小天体组成的。这些较小的天体包括矮行星、卫星、小行星、彗星和流星体。其他由一颗恒星和围绕其运转的各类天体组成的系统称为行星系统，然而，有时它们也被称为"其他"太阳系。自20世纪90年代以来，天文学家已经发现了许多行星系统。

太阳是太阳系中最大的天体。它提供了大部分的光、热和其他能量，使地球上可以存在生命。太阳占太阳系总质量的99.8%。

太阳系位于银河系一个旋臂的外边缘。

行星在椭圆形轨道上围绕太阳运行。四颗内行星——水星、金星、地球和火星——主要由铁和岩石构成，它们比外行星小。外行星包括木星、土星、天王星和海王星，所有的外行星都是由厚厚的气体层包围的巨大星球。

矮行星是比行星质量小的球形天体。与行星不同，矮行星引力较小，不能从其轨道区域清除其他天体。海王星轨道之外有一个由岩石天体组成的区域，这个区域称为柯伊伯带。几乎所有的矮行星都在柯伊伯带中运行。

除了水星和金星外，所有行星都有卫星环绕。一些矮行星和小行星也有卫星。内行星中，地球有一个卫星，火星有两个小卫星。每一个巨大的外行星都有许多卫星。矮行星冥王星至少有五颗卫星，冥王星最大的卫星冥卫一卡戎直径是冥王星直径的一半。小行星艾达也有一个小卫星，称作艾卫。

小行星是比行星小得多的岩石天体。大多数小行星在火星和木星轨道之间的小行星带上绕太阳运行。小行星带上的一颗小行星——谷神星——足够大，可以被称为矮行星。一些小行星运行的椭圆轨道穿过地球甚至水星轨道。天文学家相信太阳系中有几十万颗小行星。

彗星主要由冰和岩石构成。当彗星接近太阳时，一些冰会变成气体，气体和尘埃从彗星中喷射出来，形成一条长长的彗

尾。科学家认为一些彗星来自柯伊伯带,还有一些来自奥尔特云,奥尔特云是距离比柯伊伯带要远得多的彗星群。

　　流星体是金属或岩石块,通常比小行星要小。当流星体落入地球大气层时,它们就会因摩擦生热而破碎烧毁。这时,它们会形成明亮的光条纹,称为流星。到达地面的流星体称为陨石。大多数陨石是小行星的碎块,有些陨石来自火星或月球。

　　大多数科学家认为太阳系当初是由一片巨大的旋转气体和尘埃云形成的,称为太阳星云。根据这个理论,太阳星云由于自身的引力而开始坍塌。一些天文学家认为可能是附近的一颗超新星触发了这次收缩。当星云收缩时,它旋转得更快,并扁平成一个圆盘。

　　太阳星云中的大部分物质被拉向中心,形成了太阳。当扁平的圆盘围绕中心旋转时,其中的粒子碰撞并粘在一起。它们

太阳系由太阳、八大行星和围绕太阳运行的一切物质组成。(太阳和行星的大小是按比例显示的,但距离不是。)

柯伊伯带位于海王星轨道之外很远的地方。(图中物体的大小和物体之间的距离都不是按比例画的。)

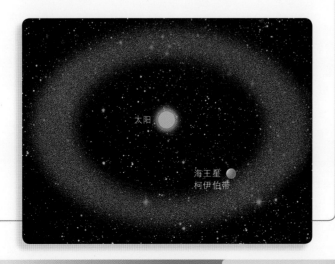

最终形成了小行星大小的天体，称为星子。其中一些星子结合在一起形成了行星，其他星子形成了卫星和一些小行星。行星和小行星都以相同的方向绕太阳旋转，它们基本上在同一平面内运动，因为它们最初是从这个扁平的圆盘形成的。

在某一时刻，圆盘中心的压力变得足够大，足以引发为太阳提供能量的核聚变反应。最终，太阳表面的喷发产生了一种从太阳向外射出的连续粒子流，称为太阳风。许多科学家认为，内太阳系的太阳风如此强大，它吹走了大部分较轻的化学元素——氢和氦。不过，在太阳系的外围地区，太阳风要弱得多，结果，更多的氢和氦留在了外行星上。这一过程解释了为什么内行星是小个头的岩石行星，而外行星主要是由氢和氦组成的巨大气体星球。

太阳系还在不断变化。例如，许多科学家相信，四颗最大的行星——木星、土星、天王星和海王星——在最初形成时到太阳的距离曾比现在近得多，但行星之间的引力作用最终把它们甩到离太阳更远的轨道上。

延伸阅读： 小行星；彗星；矮行星；椭圆；木星；柯伊伯带；小行星带；火星；水星；流星和陨石；星云；海王星；轨道；行星；卫星；土星；太阳风；太阳；天王星；金星。

1.许多科学家认为，太阳系最初是一团气体云，其中有岩石和金属颗粒。

2.云开始旋转，平展成一个圆盘。

3.云的大部分物质聚集在中心形成太阳。

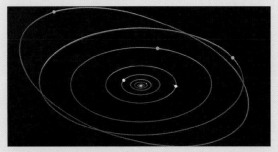

4.一些岩石和金属残片撞在一起。它们形成行星、卫星和其他固态天体。

制作一个会动的太阳系

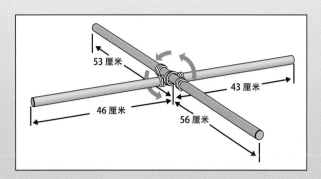

你需要什么：

- 4根木棒，直径0.3厘米：
  - 一根43厘米长
  - 一根53厘米长
  - 一根89厘米长
  - 一根109厘米长
- 一卷"隐形"尼龙线
- 4个塑料或金属环，直径 2 厘米
- 蜡笔或马克笔
- 一大块白色的海报板
- 圆规
- 剪刀
- 胶水
- 胶带
- 打孔机
- 米尺
- 大纸盘
- 吊钩

1. 如图所示，将两根较长的木棒交叉，使每根木棒的一端比另一端多出3厘米，并用尼龙线把它们系在一起。用同样的方法处理两个短棒。在每对木棒交叉地方的上面和下面都系一个环。

2. 剪1根长20厘米的尼龙线。将线的一端系在较长木棒下面的环上，另一端系在较短木棒上面的环上。环之间留15厘米的线。

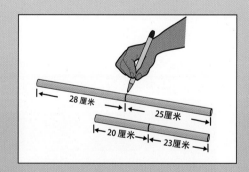

3. 剪1根长81厘米的线和9根长41厘米的线。将较长的线系在长木棒上方的环上，将较短的线之一系在较短的木棒下面的环上。把模型通过较长的线吊到挂钩上，然后在每根木棒的末端系一根线。

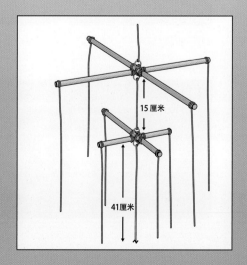

活 动

4.为了制作行星和太阳,用圆规在海报板上画9个圆。将圆规设定在以下半径(如果你不知道如何使用圆规,请向老师或其他成年人求助):

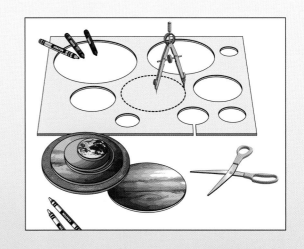

太阳:11.5 厘米
木星:9.5 厘米
土星:8.5 厘米
海王星 6.5 厘米
天王星:6 厘米
地球:4 厘米
金星:3.5 厘米
火星:3 厘米
水星:2.5 厘米
剪下每个圆并贴上标签。

5.给太阳和行星圆的两面都涂上颜色。可以使用相关的行星图片作为参考。

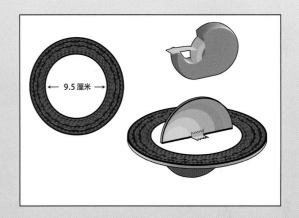

6.用大纸盘做土星环。像右边图中这样,只给盘的外边缘涂色。在盘的中央开一条9.5厘米长的狭缝,将土星模型穿过狭缝,并粘住固定。

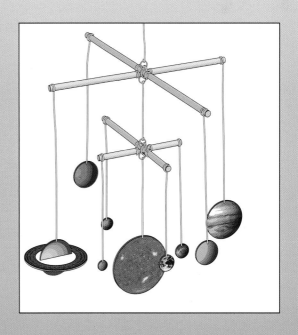

7.在太阳和每颗行星的顶部附近打一个洞。如图所示,将太阳和行星绑在模型上。水星,离太阳最近的行星,应该悬挂在最短的木棒处,金星悬挂在下一条第二短的木棒处,以此类推,按照行星与太阳的顺序排列。天王星和海王星应该悬挂在最长的木棒上。需要帮助的话请看右图。

太阳系外行星

Extrasolar planet

称为热海王星的太阳系外行星的大小约为地球的2倍,质量约为地球的20倍。天文学家尚不确定它们是像地球这样的岩石行星,还是像木星那样的气体行星。

　　太阳系外行星是在太阳系以外发现的行星。太阳系包括了太阳和绕太阳运行的所有物体,包含地球和其他行星。太阳系外行星也称为系外行星,已知的第一颗系外行星是在1992年发现的。

　　天文学家已经发现了数千颗系外行星,它们帮助科学家了解行星的形成和发育。例如,科学家们惊讶地发现有些气体巨行星(主要由气体构成、没有固体表面的巨型行星)绕着它们母恒星运行的轨道竟然比水星绕太阳的轨道还要近,而在太阳系中,木星和其他气体巨行星的轨道都离太阳很远。科学家们正在努力理解为什么这些行星系统与我们的太阳系如此不同。

　　科学家们还希望通过研究系外行星找到生命的迹象。由于目前已知生命只存在于地球上,因此他们主要研究可能具有类似地球条件的系外行星。他们寻找的一个特征是行星是否处于其恒星系统的宜居带。这个区域的行星温度适宜,可以形成液态水,又能够防止水冻结。

　　科学家们通过好几种方式寻找系外行星。他们寻找来自恒星光量的微小变化,如果光线变得暗淡,则可能意味着一颗行星正在恒星前方经过从而遮挡了它一些光线。天文学家也在寻找恒星运动的微小变化，因为这些变化可能是行星引力对其恒星的轻微扰动造成的。科学家们也可以研究恒星的光，如果来自恒星的光线改变了颜色，科学家们就会知道这颗恒星正在被轨道上的一颗行星推动或拉动。

2016年，天文学家在距离太阳最近的恒星的宜居带内发现了一颗正在轨道上运行的系外行星。这颗恒星名为比邻星，它距离地球4.2光年。这颗系外行星略大于地球，可能有岩石表面。2017年，天文学家宣布，他们已探测到在距离地球大约40光年远的恒星TRAPPIST-1的轨道上，有7颗地球大小的系外行星正在运行，其中3颗系外行星被认为位于这颗恒星的宜居带内。比邻星和TRAPPIST-1都是红矮星，它们是一类质量小、温度相对较低的恒星。

延伸阅读：科罗太空望远镜；宜居带；开普勒；光年。

泰森

Tyson, Neil de Grasse

尼尔·德格拉斯·泰森（1958—　）是美国天文学家。自1996年以来，他一直担任纽约市海登天文馆馆长。这一天文馆位于美国自然历史博物馆内。泰森还通过书籍、电视节目、广播节目和网站向公众介绍科学。

泰森已经出现在几个电视节目中，其中包括美国公共电视网的科学节目《现代新科学》。泰森写过几本书，包括《冥王星档案：美国最爱行星兴衰记》（2009），2011年，美国公共电视网基于这本书播出了一期节目。2014年，他主持了电视迷你连续剧《宇宙：时空奥德赛》。

泰森出生在纽约市。他小时候参观过海登天文馆，后来对天文学产生了兴趣。泰森曾就读于马萨诸塞州堪布里奇的哈佛大学和纽约市的哥伦比亚大学。他研究过恒星和星系。

延伸阅读：天文学；天象馆。

泰森

汤博

Tombaugh, Clyde

克莱德·威廉·汤博（1906—1997）是美国天文学家。他发现了冥王星，一颗离太阳很远的矮行星。他在马萨诸塞州洛厄尔天文台检查一些照相底片时发现了冥王星。美国天文学家珀西瓦尔·洛厄尔早在他之前15年就预测了冥王星的大致位置。汤博后来在1946年到新墨西哥州白沙导弹基地从事弹道学研究，即快速移动物体的研究。

汤博出生在伊利诺伊州斯特里特。

延伸阅读： 天文学；洛厄尔；冥王星。

克莱德·汤博在这座建筑里用望远镜发现了冥王星。

天秤座

Libra

天秤座又称天平座。它的最佳观测地为南半球，最佳观测时间是4—6月。

天秤座能用多种方式来描绘。一种方式是将恒星连接起来形成一架天平秤的形象。天平秤的构造是一根横杆两端各挂一只秤盘。在希腊神话中，蒙住双眼的正义女神手持一架天平秤。在现代的许多法庭里都可以见到正义女神和天平秤的雕像。Libra在拉丁语中是秤或天平的意思。

天秤座是古希腊数学家托勒玫确定的48个星座之一，也是国际天文学联合会（IAU）确认的88个星座之一。

天秤座，又称天平座，通常被绘制成一架天平秤的形象。

天鹅座

Cygnus

天鹅座是北天球的一个星座。Cygnus这个词是拉丁语，意思就是天鹅。

天鹅座最引人注目的特征是北天大十字。它由该星座的最明亮的五颗恒星组成，其中最亮的星是天津四，表示天鹅的尾巴，其他几颗恒星是天鹅张开的"翅膀"。

延伸阅读： 星座；天津四；恒星。

天鹅座代表一只天鹅。它有好几种绘制方式。

天津四

Deneb

天津四是天鹅座中最亮的恒星，也称为天鹅座α。它是裸眼可见的最明亮的恒星之一。天津四看起来光芒很微弱只是因为它距离我们很远。

科学家们并不确定天津四与地球之间的确切距离，但大多数认为它距离地球约有2600光年。科学家们已经计算出，如果天津四确实如此遥远，那这颗恒星的亮度必定比太阳要亮大约160000倍。天津四的直径约是太阳直径的200倍。

天津四看起来呈现蓝白色，是因为它表面温度极高，接近8300℃。天津四通常被归类为蓝白超巨星。这类恒星燃烧得比太阳更热、更亮。

延伸阅读： 天鹅座；光年；恒星。

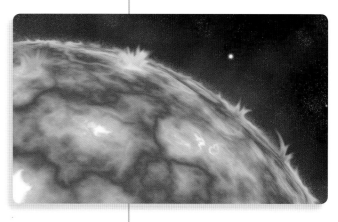

天津四，也叫天鹅座α，直径约是太阳的200倍。

天狼星

Sirius

天狼星也称为"犬星"，是夜空中最亮的恒星。它的半径约是太阳的两倍，发出的光是太阳的30倍。天狼星是离地球最近的恒星之一，距地球大约有9光年远。天狼星是大犬座的一部分。

天狼星还是一个双星系统。双星系统是两颗互相绕转的恒星。天狼星的伴星，天狼B是一颗白矮星。白矮星是极其致密的恒星。天狼星和天狼B大约每50年绕对方转一圈。

延伸阅读： 双星；光年；恒星；白矮星。

明亮的天狼星和它暗弱的伴星出现在哈勃太空望远镜拍摄的照片中。照片中的十字线是由望远镜的成像系统产生的。

天龙座

Draco

天龙座是一个星座，它靠近北极星，在北半球一年中大部分时间都可以看到它。天龙座是古希腊数学家托勒玫定义的48个星座之一。

在绘制的星座图案里，天龙座一般包括16或17颗主星。4颗恒星形成了龙的头部，位于武仙座和天鹅座之间。龙的身体由仙王座、小熊座、牧夫座和大熊座之间蜿蜒分布的一组恒星组成。

紫微右垣一是龙身体上的一颗星，大约5000年前它曾是地球的北极星。极星就是地球两极轴指向上容易看到的恒星。随着时间的推移，地球的运动导致极点漂移，现在指向当前的北极星勾陈一。

延伸阅读： 星座；北极星；托勒玫；恒星。

因为天龙座离北极星很近，所以在北半球一年中的大部分时间都可以看见它，但在南半球永远看不到它。

天琴座

Lyra

天琴座是一个小星座，又称竖琴座。天琴座的名称来自古代的一种类似竖琴的弦乐器，它在古希腊非常流行。

在北半球可以看到天琴座，其中最亮的恒星织女星距离地球约26光年。不算太阳的话，从地球上看，织女星是全天第五亮星。

天琴座的形象可以用不同数目的恒星，以不同的方式绘制出来。通常的天琴座形象中会显示出10颗恒星。

天琴座里有两个特殊现象可以用小望远镜观察到，其中之一是天琴座ζ双星，另外一个是指环星云，一个环形的尘埃和气体云环绕着一颗极其微弱的恒星，它是恒星爆发抛出其外层大气后形成的星云。

延伸阅读： 双星；星座；星云；恒星。

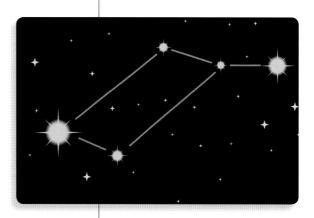

天琴座又称为竖琴座。

天体生物学

Astrobiology

美国国家航空和航天局的火星科学实验室也被称为好奇号火星车，它正用铲子盛着从火星表面挖出的土壤，供照相机进行检查。

天体生物学是搜寻并研究宇宙中生命的学科，它结合了天文学、生物学和其他学科的部分内容。专门研究天体生物学的科学家称为天体生物学家。虽然人类对地球之外的生命还处于未知状态，但天体生物学可以凭借科学的方法去探寻地外生命是否存在。

天体生物学家研究地球上的生命，以此来了解什么条件下可能存在生命。比如，科学家发现，如果没有液态水，我们所知道的生命就无法存在。但是他们也发现，一些有机体可以在某些令人惊讶的条件下生存，这些生物称为极端微生物。例如，某些生物可以在约121℃的高温下生存。科学家们也意识到并非所有生命都需要光或食物作为直接能源。一些生物从其他来源获得能量，比如水和岩石之间的化学反应。

许多科学家认为火星和木卫二可能支持生命存在，因为这两个天体表面下都有或曾经有过液态水，且它们也都拥有化学能源。此外，在围绕太阳之外其他恒星运行的行星上也可能存在生命。

延伸阅读： 木卫二；太阳系外行星；地外智慧生命；火星。

天王星

Uranus

天王星是离太阳第七远的行星，只有海王星比它离太阳更远。有时人们不用望远镜就能在天空中看到天王星。它距离太阳约2872460000千米，在这个距离上，太阳发出的光需要2小时40分钟才能到达天王星，而太阳光到达地球只需要大约8分钟。

天王星是一个由气体和液体组成的巨大球体，它的尺寸比地球大4倍还多。科学家认为天王星周围的大气主要含有氢。天王星上层大气中的甲烷使天王星呈现出光滑的蓝绿色外观，上层大气的温度约为−215℃。在占绝大部分的大气层最下方是由液态水和氨水冰组成的云。在天王星中心可能有一个地球大小的岩石内核。

天王星表面有条纹和斑点。这些条纹是由不同种类的雾组成的，雾是阳光分解甲烷气体时产生的。斑点则是像飓风一样剧烈旋转的大量气体，环绕天王星南半球的风时速超过720千米。

天王星以椭圆形轨道绕太阳运行。天王星绕太阳一周大约需要84个地球年。天王星的中心绕其自转轴旋转一次需要17小时14分钟。这颗行星的中心比行星的高层大气旋转得

天王星是离太阳第七远的行星。

慢。

　　天王星倾斜得非常厉害，它的自转轴几乎与绕太阳公转的轨道平齐。其他行星的自转轴虽略有偏斜，但与它们围绕太阳运行的轨道基本垂直。一些科学家认为在很久以前也许有一颗和地球一样大的行星撞上了天王星，令其躺平了。也有科学家认为，是一颗已经消失了的卫星的引力导致天王星倾斜。天文学家已经确认了天王星至少有27颗卫星，但这颗行星可能还有更多卫星。天文学家在1787年至1948年间发现了其最大的五颗卫星。美国旅行者2号太空探测器在1985年和1986年拍摄的照片揭示了另外10颗卫星的存在。天文学家后来使用地球上的望远镜发现了更多的卫星。几乎所有天王星的卫星都是以英国剧作家莎士比亚作品中的人物命名的。

　　天王星周围有许多环，其中十个又暗又窄。它们的宽度从5千米到100千米不等，厚度不超过10米。窄环外面的远处还有两个模糊的尘埃环。天王星还有一个更宽、更靠近它但比较难看到的环。这些环的确切组成还不清楚，但它们可能是由小冰块和灰尘大小的冰粒组成，表面覆盖着一层含有碳的物质。

　　英国天文学家威廉·赫歇尔于1781年发现了天王星。天王星是自古以来人类发现的第一颗行星。德国天文学家约翰·E.波德以希腊神话中的天空之神乌拉诺斯之名为它命名。旅行者2号飞掠天王星后，科学家们对天王星有了更多的了解。

延伸阅读：
赫歇尔家族；行星；行星环；卫星；旅行者号。

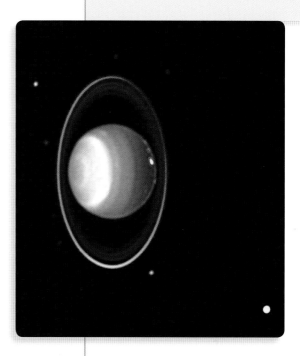

哈勃太空望远镜用红外线拍摄的伪色彩图像显示的天王星及其光环。明亮的橙色区域代表快速移动的云。

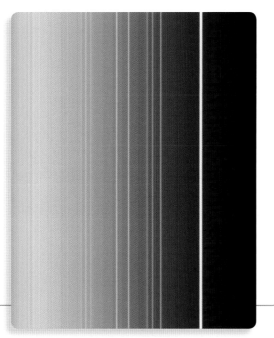

旅行者2号太空探测器拍摄的伪彩色照片中，天王星的窄环为这颗行星提供了一个美丽的轮廓。事实上，环是深灰色的。

天卫五

Miranda

　　天卫五米兰达是天王星最大的卫星之一，直径约470千米。天卫五的表面有一些特殊的地貌，这在太阳系其他星球上难以见到。它上面有3个奇形怪状的卵形区域，每个卵形区域直径200~300千米，外缘形状像是赛马场，拥有环绕中央的一道道平行山脊和峡谷。在中心部位，山脊和山谷相互随机交叉。天卫五有太阳系行星和卫星上最高的山崖。科学家认为，可能是天卫五在过去20亿年之内的地质活动塑造了这些卵形区域。

　　天卫五由美籍荷兰裔天文学家杰拉德·柯伊伯在1948年2月16日发现。旅行者2号探测器于1986年近距离飞掠天卫五，拍摄了这颗卫星的照片。

　　延伸阅读：　柯伊伯；卫星；天王星；旅行者号。

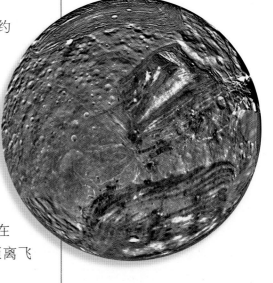

旅行者2号探索天王星时拍摄的天卫五上奇怪的卵形区域。

天文单位

Astronomical unit

　　天文单位（AU）是天文学家用来测量太阳系中距离的长度单位。1天文单位是指地球与太阳之间的平均距离，约1.5亿千米。例如，木星到太阳的平均距离约为5天文单位，冥王星与太阳的平均距离约为39天文单位。2012年，国际天文学联合会（IAU）将1天文单位精确定义为149597870700米。

　　延伸阅读：　太阳系。

火星 1.52 天文单位

地球 1 天文单位

金星 0.72 天文单位

水星 0.38 天文单位

太阳

1天文单位是指地球与太阳之间的平均距离。

天文台

Observatory

　　天文台是科学家研究太空中的行星、恒星、星系和其他天体的地方。天文台至少有一台望远镜或类似设备。大多数天文台都是在地面上建造的，但是天文台设备也会用于地下、大气或太空。

　　地球的大气层在一定程度上决定了安放望远镜的位置。大气会扭曲穿过它的光线，所以地球上的天文台通常位于高山，在大多数云层之上，那里的大气层很薄。到21世纪，地球上的许多望远镜配备了一台称为自适应光学的设备，这些设备能够检测大气如何扭曲入射光并消除扭曲，这极大地增强了地球上望远镜的观测能力。

　　许多望远镜使用可见光观测，但来自太空的其他类型的光对人眼是不可见的。人们已经制造了各类望远镜来探测这些看不见的光，包括检测伽马射线、红外线、微波、射电波、紫外线和X射线的望远镜。这些望远镜探测到的光线通常会变成人们可以看到的图像。这些图像可以为科学家提供有关所研究区域不同位置变化的线索。

　　天文台的工作人员包括工程师、天文学家、望远镜操作员等。但非工作人员的天文学家进行了大部分科学研究。天文界有许多科学家，却只有几架大型望远镜。因此，科学家们通常必须安排时间表来使用它们。通常，使用望远镜的科学家并不在天文台任职。许多现代望远镜可以通过编程完成任务，也可以由科学家在任何地方远程控制。

　　延伸阅读： 光污染；威尔逊山天文台；帕洛玛天文台；皮埃尔·奥格天文台；望远镜；叶凯士天文台。

哈勃太空望远镜（上图）是有史以来最重要的望远镜之一，它让科学家能够看到宇宙深处。加那利群岛的加那利大望远镜（下图）是地球上口径最大和观测能力最强的望远镜之一。

天文学

Astronomy

在"创生之柱"中,恒星在快速诞生,"创生之柱"是1995年由哈勃太空望远镜拍摄的鹰状星云的一部分。2007年另一架太空望远镜拍摄的图像表明,这些柱状物已经被一种高能量的热尘云气破坏。

　　天文学是研究恒星、行星以及构成宇宙的其他一切事物的学科。宇宙即存在于空间和时间中的一切事物。研究宇宙的科学家称为天文学家。

　　天文学家研究太阳系中的天体,例如太阳、行星、小行星,以及彗星的尘埃冰球。他们也研究远在太阳系之外的天体,探测太阳以外的恒星和星系(由大群恒星组成),并搜寻其他恒星周围的行星。天文学家试图了解太空里天体的大小,它们如何运动,它们是由什么构成的,它们是如何形成的,以及它们是如何变化的。他们还研究宇宙的历史,并试图确定宇宙中未来可能发生的事情。

　　天文学家使用各种专门仪器来了解宇宙,如巨大的望远镜。一些望远镜能收集并测量可见光,还有一些望远镜则收集和测量不可见的能量形式,如射电波或X射线。

　　大多数望远镜在地球上,但是天文学家也依赖于绕地球运行的人造卫星上的望远镜。天文学家还往太空中发射探测器从而近距离观察行星、卫星和其他天体。这些航天器通常携带着望远镜和照相机,还可以携带能检测其他物体

（包括水、矿物或热量）的仪器。太空探测器已经降落在月球、金星、火星、土卫六和一颗小行星上了。天文学家还发射了探测车去探测月球和火星。这些探测车使科学家能够在非常近的距离内探测这些天体，甚至可以对其表面的岩石进行采样。

计算机建模在天文学中也起着重要作用。这类模型能帮助天文学家研究某些发生得太慢而无法观察的过程，或在过去数十亿年里发生过的事实。天文学家还可以使用计算机模型来研究不可能到达的地方，例如恒星内部。

天文学是最古老的学科之一。几千年前人们第一次仰望天空，并且想知道他们看到的究竟是什么。古代的希腊人、中国人和巴比伦人（现位于伊拉克境内）都研究过天空。他们想知道为什么太阳、月亮、星星等看起来在天空中不停地运动。

千百年来，大多数天文学家相信太阳和行星都围绕地球运行。然而在16世纪早期，波兰天文学家哥白尼对这个观念提出了质疑。哥白尼提出是地球和其他行星在围绕太阳运动。哥白尼之前的一些天文学家也曾提出，地球在太空中是运动的。例如，在公元前3世纪，希腊天文学家阿利斯塔克甚至已经提出地球和其他行星围绕太阳运动的说法。但是到了大约公元1世纪，这些理论被抛弃了。

在17世纪初，意大利天文学家兼物理学家伽利略制造了第一台望远镜，并用它来研究恒星和行星。他发现有4颗卫星围绕木星运行。他还研究了木星和其他行星是如何运动的。

这是2004年的一幅艺术插图，表现的是卡西尼号航天器正在土星最大的卫星土卫六上空释放惠更斯号探测器的场景。随着探测器的下降，它收集了这颗卫星的大气信息并拍摄了它的表面照片。

由增容甚大阵射电望远镜产生的图像。

伽利略的发现与哥白尼关于地球和其他行星围绕太阳运行的想法是一致的。从那之后，越来越多的人认识到哥白尼是对的。哥白尼因此被称为现代天文学的奠基人。

多年以来，天文学家们制造了更大更好的望远镜。他们用这些望远镜发现了太空中的新天体，发现了绕太阳运转的所有行星。他们在一些行星周围发现了光环和卫星，发现了在太阳系周围绕转的小行星和彗星。在20世纪，他们发现了在最远的行星海王星轨道之外绕太阳旋转的一些小天体，其中一个这样的小天体——冥王星，曾被认为是一颗行星。这些小天体中最大的那些，包括冥王星在内，现在被称为矮行星。

尽管哥白尼关于太阳是太阳系中心的看法是正确的，但他那时以为太阳是宇宙中心。我们现在知道，太阳只是被称为银河系的星系中数千亿颗恒星里的一颗。银河系也不是宇宙的中心。天文学家发现了许多离我们很远的星系，他们甚至发现了围着太阳以外其他恒星绕转的行星。

延伸阅读：星系；太阳系；太空；太空探索；宇宙。

天文学家使用包括望远镜在内的许多仪器研究太空深处中的天体。

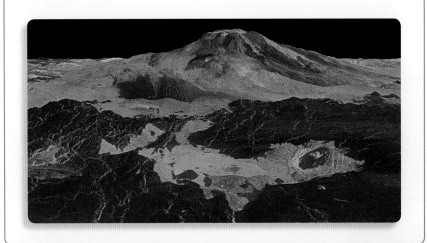

玛阿特山是金星上的众多火山之一，在这幅由美国国家航空和航天局的麦哲伦号航天器产生的三维彩色图像中，玛阿特山里看起来还存在熔岩流。

天象馆

Planetarium

天象馆是一种能够显示行星、恒星和其他天体在天空中位置的设备。大多数天象馆都位于建筑物内部，少数则占用了整栋建筑。

一些早期的天象馆以圆顶内部绘制的可移动图片来展示星空。现代天象馆使用投影仪在圆顶形屏幕内侧显示太阳、月亮、行星、恒星和其他天体的图像。

大多数天文馆使用计算机来控制投影仪，还使用计算机向游客展示宇宙从太空中其他行星或其他位置看起来的样子。许多投影仪还支持标准视频格式以播放电影或增强投影。

最早的天象馆之一是于17世纪中期在德国制造的一个球体。其中的星星用涂有金的铜钉头来代替，来自油灯的光使这些"星星"闪亮。天象馆的最大突破可能是在1923年，在黑暗的房间里引入投影仪投影图像。该投影机由德国卡尔·蔡司公司生产，后来成为20世纪后期投影机设计的基础。

延伸阅读： 行星；恒星；泰森。

大多数天象馆使用复杂的投影仪来投射宇宙及其中天体的图像和星图。

纽约市的弗雷德里克·菲尼亚斯和桑德拉·普瑞斯特·罗斯地球与太空中心建在原海登天象馆的遗址上。新天象馆也称为海登天文馆，现在是一个大型中心的一部分。

制作自己的天象馆

你可能像其他人一样想象过群星组成的图案,你也可能已经找到过以古希腊神灵和神兽命名的各个星座。

如果你喜欢看繁星在天空中排成的图案,那你就亲手做一个天空吧,这就是天象馆。在天象馆中,人们用光在房间的墙壁或天花板上形成图案,这就像把夜空带到了室内。有了你自己的天象馆,你就可以在白天和下雨的夜晚进行观星活动了。但是在晴朗的夜晚,还是要出去看看真实的天空。那时候这些星座看起来就像老朋友,你一眼就能认出来了。

你需要的材料:

- 带盖的圆形燕麦盒
- 一把剪刀
- 一支钢笔
- 描图纸
- 黑色硬纸
- 多种大小的纸张打孔器
- 铅笔
- 手电筒

1.切下燕麦片盒或类似的大圆筒容器的底部。

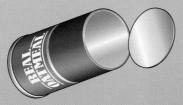

2.将盖子中心切掉,在边缘处留下至少1.2厘米。

3.使用描图纸,在此页面上绘制出狮子座中的星点。

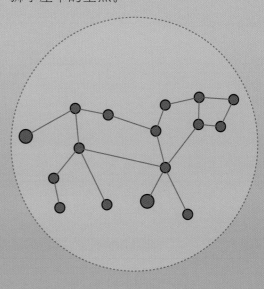

活 动

4.在硬纸板上描出盒盖的外侧。切出圆圈。把描出的线剪掉，使其刚好能放进盖子内部。

5.将星座描图覆在硬纸圈上，使用大、中、小冲头为不同大小恒星制作不同的孔，或者用铅笔打孔，使大恒星的孔更大一些。

6.把硬纸圈放入盖子内，将盖子放在盒子上。

7.进入一个完全黑暗的房间。将手电筒从底部放入盒子中，然后打开手电筒。抬头，你就能看到天花板上的星座。

8.在书中找到星座并把它们描下来，然后制作更多的硬纸圈并打孔，做成不同星座。

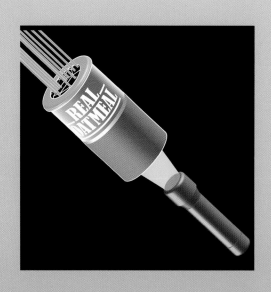

天蝎座

Scorpius

天蝎座是一个星座,它在南天,位于天秤座和人马座之间。6月到8月是它的最佳观赏时间。

人们绘制的天蝎座通常包括18颗主要恒星。这些恒星中的大部分组成了钩子形状,代表蝎子的身体和尾巴。在蝎子的头部附近有一串星,代表蝎子的前肢和螯。

天蝎座是古希腊数学家托勒玫确定的48个星座之一。如今,它是国际天文学联合会确认的88个星座之一。

延伸阅读: 占星术;星座;托勒玫;恒星;黄道带。

天蝎座大部分恒星组成了一个钩子,代表蝎子的身体和尾巴。

挑战者号事故

Challenger disaster

"挑战者号"航天飞机事故是一次致命的航天飞行事故,也是太空飞行史上最严重的事故之一。

1986年1月28日,挑战者号航天飞机从佛罗里达州肯尼迪航天中心发射。麻烦始于起飞后约一分钟。一枚火箭发动机存在的问题导致航天飞机在空中解体,飞机碎片坠落入大西洋。

7名机组人员无一幸免。组员包括乘航天飞机飞行的第一位教师克里斯塔·麦考利夫和第一位亚裔美国宇航员鬼冢承次。机组其他成员是弗朗西斯·R.(迪克)·斯科比、迈克尔·J.史密斯、朱迪·A.雷斯尼克、罗纳德·E.麦克奈尔和格利高

1986年挑战者号事故中被夺去生命的七名宇航员,包括学校教师克里斯塔·麦考利夫(上排,左二)。

里·B.贾维斯。

调查者们寻找事故原因时，发现一个O形的密封圈存在问题。调查者们还确定，负责发射的官员们忽视了密封圈尚未在低温下进行过测试的警告。这一事故促使美国国家航空和航天局对航天飞机可能出现的瑕疵进行了漫长的调查。其他所有航天飞机直到1988年9月29日才再次起飞。

延伸阅读：哥伦比亚号事故；麦考利夫；鬼冢承次；太空探索。

通信卫星

Communications satellite

通信卫星是在地球轨道上运行的一类航天器。它能接收无线电、电视和其他信号，然后再把信号转发回地球。

通信卫星位于地球之上很高的位置，可以向大面积地区直接发射信号。如果没有卫星，大部分无线电广播无法到达地平线以外的远方。通信卫星可以把无线电波直接发射到像沙漠或者海洋这样难以到达的远程区域。通信卫星也可以把一条消息发送到很多地方。

早期的通信卫星主要用于长途电话。通信卫星现在仍然执行此任务，它们为那些没有接入电话线或移动电话服务的地方提供卫星电话服务。现在的通信卫星在电视播送上也起到了重要作用，卫星把电视节目传送给本地的有线电视公司，卫星还能直接将电视信号发送到家庭。卫星还可以发送和接收互联网信号。许多商店和加油站使用卫星确认信用卡支付。

根据轨道不同，通信卫星可分为两种主要类型，地球静止轨道卫星和低地球轨道卫星。地球静止轨道卫星在赤道上方35900千米的轨道上运行，并在地球静止轨道上绕转，这样的轨道与地球自转速率相匹配。地球上的通信站只能与经过它上空的卫星通信，而地球静止轨道卫星总是停留在同一个点上方，因此，它一直在其基站的范围内，不需要进行跟踪。

各种通信卫星，如图所示的这颗低地轨道卫星，使全球即时通信成为可能。

低地球轨道卫星比地球静止轨道卫星飞得低,飞得快。前者的高度可以是仅在地面之上320~800千米,这类卫星可以每两三个小时在轨道上绕地球一周,必须由基站进行跟踪。

比起地球静止轨道卫星来,低地球轨道卫星更接近地面,所以它们可以更小、更便宜、功能更强大,也更容易发射上去。但单颗低地球轨道卫星只能在基站的跟踪范围内很短的时间停留,一旦跟踪站与其失去联系,信号就会中断。一些服务,如电子邮件等,可以在中断状态下运行,像电视和电话等其他服务则不能。为了提供不间断的服务,低地球轨道卫星系统必须有若干颗卫星,当一颗卫星超出跟踪站的范围时,其他卫星能够接力传递信号。

为了保持在正确的轨道上,通信卫星偶尔也会发射小型火箭。这个过程称为位置保持。卫星的寿命受它可以携带的火箭燃料量的限制,大多数卫星能持续工作7~15年。

通信卫星概念的产生要归功于英国科幻小说作家阿瑟·C.克拉克。在1945年的一篇文章里,他描述了位于地球静止轨道上的卫星可作为空中的中继站的想法。第一颗通信卫星"成就号"于1958年12月18日发射升空,它广播了来自当时美国总统德怀特·D.艾森豪威尔的一段问候录音。回声1号是第一颗从一个地方向另一个地方转发语音消息的卫星,它在1960年9月12日发射。美国电话电报公司(今AT&T公司的一部分)在1962年7月10日发射了"电星1号"卫星。卫星电视和广播服务在20世纪90年代和21世纪分别流行起来。

延伸阅读: 克拉克;人造卫星。

土卫八

Iapetus

土卫八是土星的第三大卫星。它的表面显著地分为明暗两半。它的黑暗半球看起来几乎和煤焦油一样黑,明亮半球看起来像脏脏的雪。太阳系中其他天体都没有这样着色的。

科学家们认为土卫八的表面主要是水冰。不过在黑暗半球,黑色材料盖住了通常明亮的冰。令土卫八一侧变暗的灰尘来自附近的另一颗卫星土卫九。黑暗半球分布着许多大型陨击坑，陨击坑的外观和年龄表明，那些黑色物质是撞击形成陨击坑的流星或小行星沉降下来而成的。

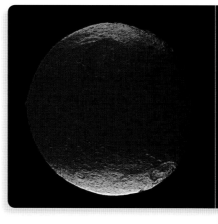

卡西尼号航天器拍摄的图像显示了土卫八亮面和暗面。科学家认为，土卫八出现暗面是因为被另一颗卫星土卫九的尘埃所覆盖。

在黑暗半球内，沿着土卫八赤道分布着一条巨大的山脊。这条山脊宽约20千米，绵延至少1300千米。山脊的一些山区高度至少21千米。科学家认为山脊可能已经向上折叠了，就像地球上的一些山脉一样。它可能是由卫星内部的火山喷发形成的。

出生于意大利的法国天文学家乔凡尼·多美尼科·卡西尼于1671年使用望远镜发现了土卫八。在20世纪80年代早期，美国旅行者1号和旅行者2号航天器拍摄到了土卫八的照片。到21世纪，美国卡西尼号航天器多次飞过土卫八。卡西尼号拍摄的照片显示了这颗卫星黑暗半球的山脊和其他细节以及明暗区域之间的小块区域。

土卫八的直径约为1450千米。这颗卫星每79.3个地球日绕土星运行一周，它与土星之间的平均距离约为3561000千米。土卫八的欧洲名来自一个希腊神话中泰坦巨人的名字。

延伸阅读： 卡西尼号；卡西尼；土卫二；土卫一；卫星；土星；土卫六；旅行者号。

土卫二

Enceladus

土卫二是土星的第六大卫星。土卫二的平滑而冰冷的表面把照射到它上面的阳光几乎100%反射出来。

我们对土卫二的了解大部分来自卡西尼号太空探测器收集的信息。卡西尼号发现了从土卫二南极地区喷发出的一股粒子羽流。羽流是由地面射出的喷射流形成的，它们主要喷出水蒸气和水冰粒，但也会释放出一些有机分子。这些喷射流中的一些水成为土星环的一部分。喷射流由土卫二表面下方的液态水供给。这片海洋中可能存在生命，因为海洋能保护生命免受寒冷的温度和来自太空的有害辐射（能量和粒子）的伤害。

　　土卫二具有多种地表特征。裂缝和山脊横跨广阔的平原。一些区域有彗星或其他固体撞击土卫二表面时形成的陨击坑。其他地区没有陨击坑。科学家认为，来自土卫二喷流的冰流或粒子流湮没了曾经存在的所有陨击坑。

　　延伸阅读：卡西尼；土卫四；土卫八；土卫一；卫星；土星；土卫六。

在卡西尼太空探测器拍摄的照片中可以看到，土卫二的冰面上有许多深深的裂缝。

土卫六

Titan

　　土卫六是土星最大的卫星。它大约有5150千米宽，比水星还要大。它是太阳系的第二大卫星，仅次于木星的卫星木卫三。

　　土卫六表面的温度约为−179℃，它表面有液体甲烷、乙烷和其他化学物质形成的海洋或湖泊。土卫六表面下的深处也可能有一层液态水。其表面还有冰火山的迹象，即水和冰在其表面喷发的地方。

　　卡西尼号航天器从2004年到2017年环绕土星运行。在太空中，它释放了惠更斯号探测器。2005年初，惠更斯号穿过大气层降落在土卫六的表面。它拍下的照片显示了土卫六冰冻的环境和带有液态的湖泊。

　　延伸阅读：卡西尼号；土卫二；土卫八；土卫一；卫星；土星。

土卫六有一层厚厚的大气层，在表面形成薄雾。雾主要由氮气和甲烷组成。

土卫四

Dione

土卫四是土星的第四大卫星。它直径约1120千米，每2.74个地球日绕土星运行一周。土卫四离土星的平均距离约377400千米。

土卫四的表面主要由水冰组成。布满陨击坑的明亮地貌覆盖了这颗卫星表面的一半。另一半也有许多陨击坑，看起来较暗，但有一些通常称为"细小地形"的亮条纹。这些条纹实际上是冰上大裂缝，那里是明亮的悬崖状冰墙。土卫四上的部分地区也覆盖着光滑的平原，科学家们认为浮冰使那里的表面变平了。

意大利出生的法国天文学家乔凡尼·多美尼科·卡西尼在1684年用望远镜发现了土卫四。在20世纪80年代初，美国航天探测器旅行者1号和2号飞过了土卫四。这两架探测器拍摄了"细小地形"的照片，但科学家们仍无法清楚地看到那些亮条纹。派去探索土星的美国航天器卡西尼号于2004年和2005年再次拍摄了土卫四。卡西尼号证明，这条"细小地形"由冰崖组成。

延伸阅读： 卡西尼号；卡西尼；土卫二；土卫八；土卫一；卫星；土星；土卫六；旅行者号。

在卡西尼号太空探测器拍摄的一张照片中，闪亮的土卫四的背后是土星光环。

土卫一

Mimas

土卫一是土星第七大卫星，直径只有397千米。土卫一拥有一个明亮的冰质表面，其上有很多陨击坑。陨击坑是天体被较小的快速移动天体，如小行星和彗星撞击时形成的坑洞。

土卫一最显眼的外观特征是赫歇尔陨击坑。这个陨击坑直径约130千米，达这颗卫星直径的三分之一。陨击坑的外侧边缘约5千米高，中心有一个高达6千米的中央峰。科学家们还不能确定是何种撞击形成了这个陨击坑，但这样一次巨大的撞击或许几乎摧毁了土卫一。

土卫一在相对较近的轨道上环绕土星运行，轨道半径约185500千米，在土星环最外侧内。科学家们认为，土卫一如此明亮，是因为来自土星环中的小冰粒包裹了这颗卫星。土星光环反射的光时常掩盖了土卫一反射的光，因此天文学家们从地球上观测土卫一时常有些困难。

英国天文学家威廉·赫歇尔在1789年通过望远镜发现了土卫一。美国旅行者1号探测器在1980年掠过土卫一发现了一个巨大的陨击坑，后来为纪念赫歇尔而将此坑命名为赫歇尔陨击坑。旅行者1号还在土卫一上发现了一系列的长凹沟，这些沟槽可能与形成赫歇尔陨击坑的那次撞击有关。

2004年至2017年间，美国卡西尼号探测器在其探测土星的任务中，多次飞掠土卫一。卡西尼号拍摄的照片揭示了赫歇尔陨击坑和沟槽的许多细节。

延伸阅读： 卡西尼号；土卫四；土卫二；土卫八；卫星；土星；土卫六；旅行者号。

土卫一上巨大的赫歇尔陨击坑，是土卫一与另外一个天体撞击的遗迹，这次撞击几乎将土卫一摧毁。

土星

Saturn

土星是一颗以其壮观光环而闻名的行星。土星是太阳系中的第二大行星，只有木星比它大。按距离算，土星是离太阳第六远的行星，它还是古代观察者所知的离地球最远的行星。借助小型望远镜可以从地球上看到土星光环。土星的欧洲名字赛特恩来自古罗马的农业之神。

土星直径约120540千米，大小是地球的10倍。它绕太阳运

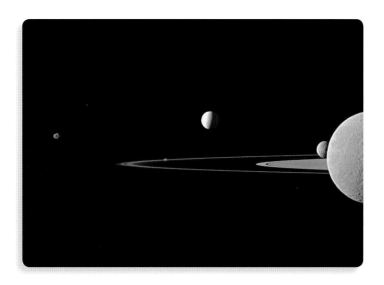

卡西尼号航天器传回的一张照片
里，土星的五颗卫星在漆黑的太空
中引人注目。五颗卫星（从左至右）
分别是土卫十，土卫十七，土卫二，
土卫一和土卫五。

行，到太阳的平均距离约为14亿千米。土星需要大约29个地球年才能绕太阳运行一圈。

科学家认为，土星是一个主要由气体组成的巨大的星球，由氢和氦等化学元素组成。它没有坚固的表面。然而，许多科学家认为这个星球可能有一个由铁和岩石组成的高温固体核心。

尽管土星的体积很大，但它的密度比太阳系中的其他任何行星都要低。土星的密度甚至低于液态水的密度。如果有一个足够大的游泳池可以容纳它，土星会浮起来。

土星上覆盖着一层厚厚的云层，在我们看来，这一云层呈现为环绕土星的不同颜色的彩带。科学家认为，这些彩带的外观似乎可归因于上升和下降的气体云团的温度及高度差异。

土星的温度远低于地球的温度，主要是因为土星远离太阳。土星云层顶部的平均温度约为−175℃，云层往下温度有所升高。

土星有七条又宽又扁平的光环，它们在赤道周围环绕着土星，但并没有碰到土星本体。这些光环主要由碎冰块组成，它们的尺寸范围在尘埃大小的颗粒到直径超过3米的大冰块之间。光环的宽度变化很大，最外圈光环可能超过300000千米。环的厚度也有很大差异，大多数可能不到30米。

土星至少有62颗卫星，实际上可能还有更多。土星最大的卫星土卫六比水星还大，它是太

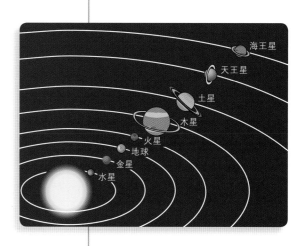

按距离算，土星是太阳的第六颗行星。

阳系中第二大的卫星，仅次于木卫三。科学家对土卫二特别感兴趣。一些科学家认为土卫二上存在液态水和有机分子，暗示那里可能存在生命。

1610年，意大利天文学家伽利略使用最早的望远镜发现了土星环。伽利略看到了土星两侧暗淡的凸起，他以为那凸起是两颗大卫星。1656年，荷兰天文学家惠更斯使用更强大的望远镜观测，描述了土星周围"薄而扁平"的光环。1675年，意大利出生的法国天文学家卡西尼发现这个环实际上有两个。

美国已经发射了一些太空探测器前往土星。1979年，先驱者号土星太空探测器拍摄了土星的许多照片。在1980年和1981年，两架旅行者号太空探测器发现了好几个土星卫星。2004年，卡西尼号航天器成为第一个绕土星运行的航天器。

延伸阅读： 卡西尼号；伽利略；土卫四；土卫二；惠更斯；土卫八；土卫一；行星；行星光环；卫星；土卫六。

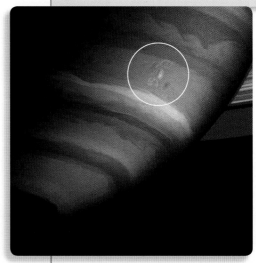

2004年卡西尼号航天器拍摄的伪彩色照片显示，土星上的风暴产生的闪电强度是地球上闪电的10000倍。

托勒玫

Ptolemy

托勒玫（约90—168）是古代最伟大的天文学家和地理学家之一。他的拉丁名为克劳迪斯·托勒玫斯。克劳迪斯这个名字意味着他是罗马人，托勒玫斯这个名字意味着他住在埃及。几乎没有人知道他的生平，但是学者们已经确定他公元150年前后在埃及亚历山大进行了天文观测。

托勒玫的天文学观察成果及其理论保存在《天文学大成》的13卷作品中。这部著作非常受人尊敬，因此又被称为《至大论》，意思是最伟大的书。

在他的作品中，托勒玫拒不认同地球运动的观念。他认为宇宙中的一切都朝着地球中心运动或以地球为中心绕转。他说，太阳、恒星和行星都在以不同的速度围绕地球运动。托勒玫的天文学说在整个欧洲被广泛接受，直到1543年。那一年，波兰天文学家哥白尼发表了他的想法，即地球在围绕着太阳运动。这个新观念过了很多年才被完全接受。

托勒玫的《天文学大成》里有两卷是一份恒星表。该表包括1022颗恒星，分成48个星座。他记下了每颗恒星的星等（亮度）。托勒玫还发现月球在不规则的轨道上行进。

托勒玫的书《地理学》里有一张世界地图，包括欧洲、北非和亚洲大部分地区，以及26张区域地图。托勒玫在他的世界地图中显示了从西班牙到中国地域，不过陆地面积比实际的要大，大西洋比实际的要小。这个错误鼓励了克里斯托弗·哥伦布在1492年进行了著名旅程，发现了美洲。

延伸阅读： 天文学；哥白尼；星座；轨道；太阳系。

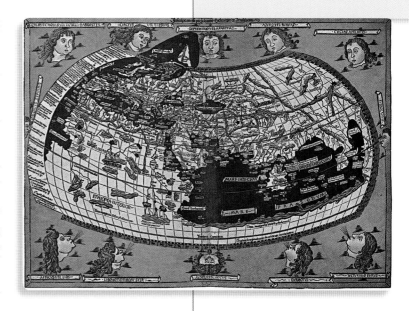

一张早期的世界地图出现在1482版的托勒玫8卷本《地理学》中。因为托勒玫的作品曾长期失传，学者们不确定这张地图是由托勒玫本人制作的，还是由重新发现了他作品的人制作的。

椭圆

Ellipse

在几何学里，椭圆是像橄榄球那样的扁平环形。

椭圆是一个形状扁平的环形图形。它可以使用一个绳圈来绘制。这个绳圈要固定到被称为焦点的两个点上，每个焦点都位于椭圆的内侧。绳圈的长度必须大于焦点之间的距离，然后将铅笔保持在绳圈之内，铅笔围着两焦点一直拉，保持绳子绷紧，画出来的就是一个椭圆。穿过两个焦点的直线称为主轴，垂直穿过长轴中间的线称为短轴。

17世纪，德国天文学家约翰内斯·开普勒发现行星沿椭圆轨道运行，太阳位于行星轨道的一个焦点上。

延伸阅读： 开普勒；轨道；行星。

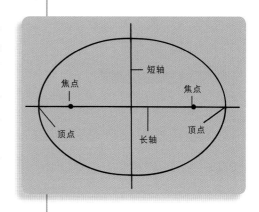

望远镜

Telescope

　　望远镜是用来看远处事物的设备。通过望远镜看到的物体比实际距离要显得近。天文学家使用大型望远镜来研究行星、恒星和太空中的其他天体。如果没有望远镜，人们将会对这些东西知之甚少。

　　最常见的望远镜种类是光学望远镜。像人眼一样，这种望远镜用来收集可见光。其他种类的望远镜可以探测到人眼看不到的光波，如无线电波、微波、紫外线、红外线、X射线和伽马射线。天文学家使用这些望远镜研究太空中发出不同类型的光的天体。

　　望远镜有不同的尺寸和形状。有些望远镜小到可以用一只手握持，而巨大的碗状射电望远镜直径可达500米。

　　有些望远镜是由宇宙飞船携带的，这些太空望远镜获得的图像比地面上许多望远镜获得的都要清晰，因为它们不受围绕地球的大气层影响。虽然大气看起来很清澈，但是它会使星星和其他天体看起来模糊。地面上的一些望远镜配有特殊的设备来克服大气层的影响。

　　人们之所以能看见物体，是因为物体发出或反射的光进入了眼睛。光学望远镜通过弯曲这些光来工作。在一类光学望远镜中，较大一端有一块弯曲的玻璃，称为透镜。这个透镜就是物镜，它使来自物体的光线弯曲，在望远镜内形成物体的图像。然后，这幅图像中的光线通过另一个称为目镜的透镜（目镜在望远镜的较小端）。目镜再次使光线弯曲，使物体看起来很大。透镜对光的弯曲称为折射，用这种透镜的望远镜称为折射望远镜。

　　另一种光学望远镜使用反射镜面而不是透镜来聚焦图像。反射镜面是碗形的，来自物体的光线照射到镜面上后被反射，在望远镜内形成图像。来自这一图像的光穿过目镜，使物体看起来很大。反射镜面能反射光，这种望远镜因此被称为反射望远镜。反射望远镜通常能比折射望远镜产生更好的图像。现代所有最大型的望远镜都是反射望远镜。

　　即使是通过望远镜，太空中的目标看起来也很暗淡。为了使它们看起来更明亮，天文学家使用带有很大透镜或反射镜的望远镜。更大的透镜把更多的光聚集到望远镜里，于是

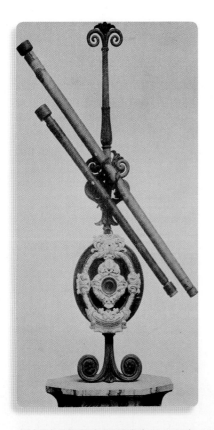

意大利天文学家伽利略在17世纪初制造的两个望远镜，比以前制造的都要强大。

通过望远镜看到的物体看起来就更亮。

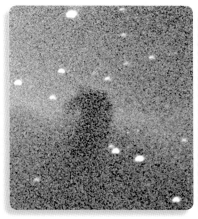

人们通常认为荷兰科学家汉斯·利伯希制造了第一台望远镜，时间是1608年。它由两个玻璃透镜装在一个狭窄的管里制成。一年后，意大利天文学家伽利略就建造了一架像利伯希那样的望远镜。伽利略首先将望远镜应用于天文学研究，从那时起，望远镜成了天文学家最重要的工具。

马头星云是由尘埃和气体组成的巨大星云，右上图是2008年由光学望远镜拍摄的照片，显然比1888年它拍摄的第一张照片（左上图）要详细得多。

起初，望远镜主要用于观察太阳系的行星。随着望远镜越来越大、越来越强，天文学家把注意力转向了银河系。到20世纪中期，天文学家开始使用望远镜来"看"人类肉眼看不见的光。通过探测这些类型的光，天文学家发现了类星体、黑洞和许多以前没有人知道的其他天体。天文学家还借助望远镜探测宇宙最深处，计算宇宙的大小和年龄。

延伸阅读： 天文学；伽利略；天文台；人造卫星。

威尔逊山天文台

Mount Wilson Observatory

威尔逊山上的天文台圆顶之一。

威尔逊山天文台是加利福尼亚西南部的一座天文台，位于帕萨迪纳东北约16千米处海拔1740米的威尔逊山上。美国天文学家乔治·埃勒里·海尔于1904年建立了这座天文台。这里原本主要研究太阳，迄今仍是这一领域名列前茅的研究中心。台内有两台太阳望远镜，分别安装在46米和18米高的观测台上。

这座天文台内还使用两台反射望远镜，其中一台直径1.5米，另外一台直径2.5

米。这些仪器用来观测恒星。美国天文学家埃德温·P.哈勃使用直径2.5米的反射望远镜发现了宇宙正在膨胀。

1980年前，威尔逊山天文台一直由华盛顿特区卡内基研究所和帕萨德纳加利福尼亚理工学院共同运行管理。1980年，卡内基研究所独自掌控了威尔逊山天文台，并运行它至1989年，随后天文台的控制权被转给私立组织威尔逊山研究所。

延伸阅读：海尔；天文台；帕洛玛天文台；望远镜。

卫星

Satellite

卫星是在太空中绕行星或其他较大天体运行的天体。卫星既可以是天然天体，比如月球，也可以是通过火箭发射到轨道上的人造航天器。本文中的卫星指的是天然卫星。

除了水星和金星之外，太阳系中的所有行星都有卫星。地球有一颗卫星，火星有两颗卫星，木星、土星、天王星和海王星都有许多颗卫星。天文学家还发现数十颗小行星和一些柯伊伯带天体周围也有卫星。

卫星的大小各不相同。最大的卫星是木卫三，它甚至比水星还要大。已知最小的卫星是艾卫，它只有1.4千米宽，绕小行星艾达运行。

卫星由不同的物质组成。最靠近太阳的卫星通常由硅酸盐的一类岩石构成，这与构成地球大部分外表面的是同一类物质。有些卫星同时由硅酸盐和冰两种成分组成。还有一些卫星主要由冰构成。一般来说，卫星离太阳越远，它的冰就越多。卫星上的冰大部分都是水冰，就像我们在地球上看到的冰一样。

科学家普遍认为，太阳系的大多数卫星与行星大致同时形成，并且以同样的方式形成。根据这一理论，这些天体大约是在46亿年前由巨大的、旋转的气体云和尘埃云形成。随着时间的推移，万有引力将云中的尘埃颗粒聚在一起，尘埃

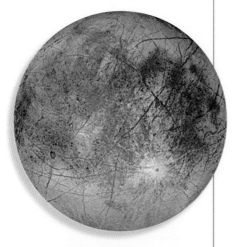

木卫二上没有裂缝、山谷、山脊、坑洞和向上或向下延伸都不超过几百米的冰流，使这颗卫星成为太阳系中最光滑的天体之一。

形成了岩石碎片。随后,万有引力将越来越大的碎片聚在一起。最终,一些碎片组成了各颗行星及其卫星。

太阳系中大多数卫星表面都分布着陨击坑。这些碗状坑洞大多是数十亿年前在太阳系早期产生的。那时,行星、卫星和其他天体经常受到太阳系形成过程中的残余物质的频繁撞击。

有些卫星在形成之后发生了变化,它们可能具有多种表面特征。例如,木卫一上有几座活火山;太空探测器已经探测到土卫二和海卫一上正在喷发的间歇泉;木卫二的冰层下面有一片液态水组成的海洋(一些科学家认为这里可能存在生命);土卫六拥有致密的大气层,它在某些重要的方面可能与地球早期的大气相似。

科学家使用望远镜和航天器来研究卫星和它们所环绕的行星。许多太空任务已经访问了月球,包括探测器、着陆器以及20世纪60—70年代的阿波罗任务,那时宇航员曾经在月球表面行走。月球是唯一留有人类足迹的天然卫星。

航天器已经从太阳系中其他许多卫星附近飞过。有几架航天器拍摄过火星的卫星。两架航天器研究了木星和土星的众多卫星。研究土星的卫星系统是卡西尼号航天器的一个主要任务,该航天器于2004年至2017年绕土星运行。2005年,卡西尼号还释放了一架名为惠更斯号的探测器登陆土卫六。惠更斯号是第一架降落在月球以外卫星上的探测器。新视野号在2015年研究了冥王星及冥卫一。

延伸阅读: 卡西尼号;引力;陨击坑;轨道;月球;新视野号;火卫一。

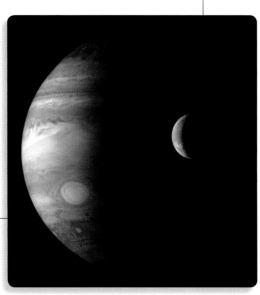

木卫一在轨道上围绕太阳系中最大的行星运行。木卫一在地质上比太阳系中的任何其他卫星或任何行星都更活跃。

卫星号

Sputnik

卫星号是苏联发射的几颗人造卫星的名字。人造卫星是一种环绕地球或太空中另一物体运行的飞行器。第一颗人造卫星，后来被称为卫星1号，是人类发射的第一颗人造卫星。卫星上没有载人。

1957年10月4日，卫星1号发射升空。它以每小时29000千米的速度运行，每96分钟绕地球一周。它于1958年1月4日坠落在地球上。

1957年11月3日，卫星2号发射升空。它搭载了第一位太空旅行者，是一只名叫莱卡的狗。

苏联还发射了其他几颗卫星，它最后一次发射卫星是在1961年3月。

卫星1号的发射震惊了世界。许多其他国家的人不相信苏联人拥有太空探索所需的先进技术。美国领导人发誓要尽一切努力迎头赶上，因此，美国和苏联之间的太空竞赛开始了。太空竞赛促使两国做出了巨大的探索努力，在太空领域的成功与否成为衡量一个国家在科学、工程和国防方面是否具有领导地位的标准。

延伸阅读： 人造卫星；太空探索。

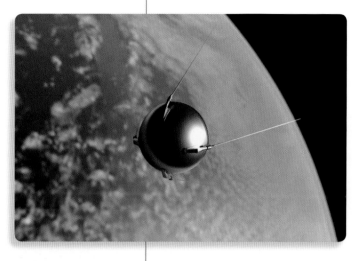

第一颗人造卫星——卫星1号的示意图。1957年，苏联发射了卫星1号，它发射的无线电信号传回了地球。

武仙座

Hercules

武仙座在北半球很容易被看到。它的最佳观测时间是夏天。夏天入夜后，它就位于人们头顶的高空。

四颗相对明亮的恒星构成了武仙座的身体。它的头部是一颗红超巨星，一颗比太阳大几百倍的红色恒星。这颗恒星实际上是双星中的一颗。武仙座的一侧有一个星团，它至少包括10万颗恒星。它距离我们太过遥远，光线需要3万多年的时间才能到达地球。即使在良好的条件下，人们用裸眼也几乎看不到这个星团。

　　1934年，武仙座的一颗恒星发生了爆炸，将大量的气体和尘埃抛入太空。结果，这颗星突然变亮了，但现在它已经变暗回到了正常亮度。武仙座是以希腊神话中最伟大的英雄之一赫拉克勒斯的名字命名的。武仙座是古希腊数学家托勒玫定义的48个星座之一。现在，它也是国际天文学联合会确认的88个星座之一。

延伸阅读： 双星；星座；新星；托勒玫；恒星。

武仙座从北半球最容易看到。

阅神星

Eris

　　阅神星是一个行星大小的天体，在太阳系的外缘绕太阳运行，它所在的区域称为柯伊伯带。天文学家将阅神星归为矮行星，即比行星要小、比彗星或流星体要大的天体。阅神星的直径约为2350千米，与另一颗矮行星冥王星大小相当。

　　阅神星有一个闪亮的冰面，几乎可以将所有星光反射回太空。阅神星的公转轨道离太阳56亿~145亿千米，公转一圈要用557年。

　　科学家们在2005年7月29日宣布发现了阅神星。2006年，这颗矮行星根据古希腊神话里混乱和冲突女神的名字命名为阅神星。阅神星和其他在海王星轨道之外运行的矮行星也叫类冥天体。

　　延伸阅读：矮行星；柯伊伯带；冥王星；太阳系。

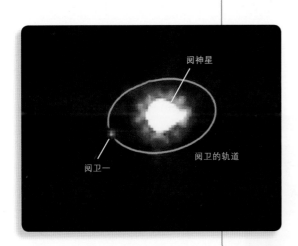

哈勃太空望远镜拍摄到的矮行星阅神星和它的卫星阅卫一。

仙后座

Cassiopeia

　　在北半球的夜空里，仙后座可以很容易被看到。

　　仙后座位于与北斗七星相对的北极星的另一侧，它到北极星的距离与北斗七星到北极星的距离差不多。仙后座中最闪亮的5颗星排列成一个英文大写字母W的形状。

　　仙后座位于仙女座的正北方。在希腊神话中，仙后卡西奥佩亚是仙女安德洛墨达的母亲，仙女被英雄珀尔修斯所救，才免遭海怪的毒手。

　　延伸阅读：仙女座；北极星。

仙后座中5颗最亮的星排列成字母W的形状。

仙女座大星系

Andromeda Galaxy

仙女座大星系是离银河系最近的大星系。仙女座大星系距离地球大约250万光年。仙女座大星系是裸眼可见的最远的天体之一。它在北半球的秋冬夜出现，位于飞马座大四边形西北方的仙女座中。

仙女座大星系看起来像一个朝我们视线方向倾斜的薄圆盘。没有强大的望远镜，你是无法看到仙女座大星系里的单个恒星的。

像银河系一样，仙女座大星系是一个旋涡星系。它的中心鼓起来，周围环绕着一圈圈恒星。仙女座大星系的质量与银河系大致相同，但仙女座大星系更大，发出的光也更多。引力导致仙女座大星系和银河系正在彼此靠近，在几十亿年后，它们将会碰撞并形成一个更大的星系。

仙女座大星系是离银河系最近的旋涡星系。

仙女座

Andromeda

仙女座是最容易在北半球看到的一个星座。它从英仙座延伸到飞马座大四边形的东北角。仙女座中最亮的恒星名为壁宿二，它也经常被画在飞马座大四边形里，避免飞马座缺少一角。

仙女座代表希腊神话中英雄珀尔修斯的妻子安德洛墨达，她是埃塞俄比亚统治者卡西奥佩亚王后和刻甫斯国王的女儿。卡西奥佩亚胆敢把安德洛墨达的美丽与海神波塞冬的女儿们相提并论，这让波塞冬十分愤怒，派出一只海怪袭击埃塞俄比亚。一位祭司说应该把安德洛墨达作为祭品献给海怪才能拯救这片土地。

珀尔修斯看到了被锁在海边岩石上的安德洛墨达，爱上了她。他杀死海怪，解救了安德洛墨达，并当场与她结婚。英雄赫拉克勒斯是他们的后代之一。安德洛墨达死后成为了仙女座。

延伸阅读： 仙女座大星系；星座；飞马座；恒星。

仙女座代表了被英雄从海怪口中救出来的一位美丽公主。

弦理论

String theory

弦理论是一种关于物质本质和影响物质的力的理论。物质是由基本粒子构成的。物理学的一般理论，统称为标准模型，把基本粒子当作点。但是在弦理论中，这些粒子是微小的弦，它们可以以不同的方式振动，不同的振动模式在我们看来就像是不同的粒子。

一些科学家希望弦理论能够解释自然界所有四种已知的基本的力。这些力是：①电磁力，②强核力，③弱核力，④万有引力。电磁力是把电子束缚在原子核周围的力。弱核力是许多种原子核分解的原因，这种分解就叫作放射性。强核力把原子核结合在一起。引力是物体相互吸引的力。

科学家们目前使用量子理论来解释前三种力。他们用广义相对论来描述引力，而广义相对论不是量子理论。自20世纪80年代中期以来，物理学家们发展出许多形式的弦理论，包括一组超弦理论。然而，这一理论仍然不完善，很难证实其正确性。

延伸阅读： 电磁波；引力。

小行星

Asteroid

小行星是在围绕太阳的轨道上运行的一类比行星小的岩石或金属天体。大多数已发现的小行星位于火星和木星之间，这个区域被称为主带，通常称为小行星带。大多数主带小行星在距离太阳2~3天文单位的轨道上围绕太阳运行。1天文单位（AU）约等于1.5亿千米，它是地球和太阳之间的平均距离。天文学家认为主带中有数十万颗小行星。

小行星大小不一。最大的小行星是谷神星，其直径约960千米。天文学家认为谷神星也是一颗矮行星。1991BA是最小的小行星之一，于1991年被发现，其直径只有大约6米。主带中可能还存在像鹅卵石一样小的小行星。这些小行星太小了，即使用一台强大的望远镜也无法从地球上看到它们。主带中只有大约1000颗小行星的直径大于30千米。

小行星的形状也各不相同。引力往往会将太空中的大个儿天体拉成一个球，最大的那些小行星大致呈现球形。但是，较小的小行星的引力太弱，无法显著地改变自身的形状，这些小行星往往成为不规则的细长形状。科学家们认为，一些奇形怪状的小行星可能是成堆的残余物，只是通过引力松散地聚集在一起。

天文学家们认为小行星的形成过程类似行星。两者都来自围绕太阳旋转的小块岩石，碎片碰撞并粘在一起形成更大的天体，许多这些小天体聚集在一起形成了行星。但木星引力的巨大拉力可能会阻止某些小天体粘在一起，从而无法形成一颗行星。

天文学家们将小行星划分为三个主要类型。第一类主要由碳构成。碳是一种柔软的黑色物质，在地球上很丰富。第二类小行星富含矿物质，也含有一些金属。第三类由铁和镍等金属构成。

还有一些小行星叫作近地小行星，它们的轨道靠近地球。根据它们的轨道，天文学家把这些小行星分成三组——阿莫尔型、阿波罗型和阿登型。阿莫尔型小行星的轨道位于

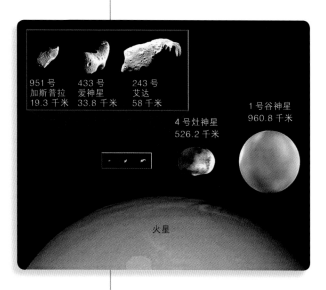

谷神星（这里显示的是由哈勃太空望远镜拍摄的照片）是主带中最大的小行星。谷神星也被认为是一颗矮行星，即围绕太阳运行的球状天体，但比像火星这样的小个头行星要小得多。

地球和火星之间。阿波罗型小行星的轨道和地球轨道交叉。阿登型小行星大部分运行在位于地球和太阳之间的轨道上。天文学家发现了超过800颗直径大于1千米的近地小行星，他们估计可能存在大约1000颗这样的小行星。

地球的大气层保护我们免受大多数小行星的撞击。直径小于50米的小行星通常会在到达地面之前燃尽。较大的小行星撞击陆地，可能会将大量灰尘扬起并进入大气层。灰尘可能会阻挡阳光并造成连续几个月降温，甚至可能导致大范围的农作物损失，产生饥荒。更大的撞击可能会引发动植物种群大规模灭绝。足够大的小行星足以造成全球性的破坏，好在这样的对地球的撞击大约上百万年才发生一次。好几个天文学家团队正在努力识别具有潜在威胁的近地小行星。

延伸阅读： 谷神星；矮行星；小行星带；近地天体计划。

小行星带

Main Belt

小行星带是太阳系中位于火星和木星轨道之间的区域。大多数小行星都位于小行星带内。小行星带有时也称为小行星主带。

小行星带的跨度超过1.6亿千米。大多数小行星带里的小行星都在距离太阳2~3天文单位的轨道上运行。1天文单位约等于1.5亿千米，是地球和太阳之间的平均距离。

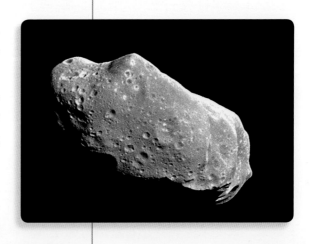

形状奇特的艾达小行星

小行星带里的小行星可分为不同的小行星族。这些小行星族是由与太阳相同距离的成千上万颗小行星组成的群体。有些群体，如曙神星族，由相似的物质构成，这意味着曙神星族小行星是一个更大的天体或天体群瓦解后的碎片。其他一些族群中的成员则分别由不同的物质构成，这意味着这些星体的形成方式与曙神星族不同。

延伸阅读： 小行星；谷神星；黎明号；太阳系；灶神星。

谢泼德

Shepard, Alan Bartlett, Jr.

艾伦·巴特利特·谢泼德 (1923—1998) 是第一个进行太空旅行的美国人。他也是第五个登上月球的宇航员。

谢泼德出生在新罕布什尔州东德里。他曾在第二次世界大战期间服役，并成为一名海军试飞员。1959年，他被选为首批宇航员之一。

1961年4月，苏联的尤里·加加林成为第一个进入太空的人。1961年5月5日，不到一个月后，谢泼德从佛罗里达州卡纳维拉尔角出发，乘火箭在太空中行进了188千米。15分钟后，他降落在486千米外的大西洋上。1971年，他指挥了阿波罗14号任务，即第三次登月任务。

延伸阅读：宇航员；加加林；太空探索。

谢泼德

蟹状星云

Crab Nebula

蟹状星云是太空中一团巨大的气体和尘埃云。它出现在金牛座中。蟹状星云是由人们在1054年看到的一颗超新星形成的，这片星云就是那颗恒星外层的残骸。

超新星将热气体和尘埃投入太空。蟹状星云里的气体现在仍然温度非常高，它也在不断膨胀，现在跨度大约10光年。蟹状星云的名字来自一位科学家在19世纪40年代所绘的一幅画。在那幅图中，这片星云看起来像一只螃蟹。通过小型望远镜观察时，蟹状星云看起来像一团昏暗的光。

蟹状星云的中心附近是一颗昏暗的恒星，科学家们认为它是一颗被称为脉冲星的小个儿天体，是超新星遗留下来的。脉冲星会发出有规律的辐射。

延伸阅读：星云；超新星；金牛座。

蟹状星云是1054年一颗超新星留下的一团气体和尘埃云。超新星是某些恒星生命结束时发生的猛烈爆炸。

新视野号

New Horizons

新视野号是第一个研究矮行星冥王星及其卫星冥卫一的太空探测器。矮行星是绕太阳运行的球形天体，但质量太小而不能被视为行星。新视野号上的仪器拍摄了冥王星和冥卫一的表面并测量了它们的表面温度，还研究了冥王星的稀薄大气层。

新视野号是美国国家航空和航天局的探测器，于2006年1月19日发射升空。探测器于2015年7月14日到达了最接近冥王星和冥卫一的地方。

新视野号还将通过并研究柯伊伯带，这是远在海王星轨道之外的一个冰冷天体地带。它在2019年经过另一个名为2014 MU69的柯伊伯带天体。该天体比冥王星小得多，并且其轨道到太阳的距离也比冥王星要远得多。

新视野号进行的这些测量将帮助科学家了解这些柯伊伯带天体的性质，它们被认为是最初形成行星的物质的残余。

新视野号探测器是第一个探访冥王星的探测器。

延伸阅读： 柯伊伯带；冥王星；卫星；太空探索。

新星

Nova

新星来自恒星上发生的爆炸。爆炸发生时，这颗恒星的亮度可能会是太阳的10000到100000倍。新星可能会持续闪耀几天到几年。爆炸将巨大的气体和尘埃壳层从恒星抛出。人们曾经认为新星就是新出现的恒星。

科学家相信新星一般发生在双星系统中。双星实际上是两颗挨得很近且彼此围绕运行的恒星。在出现新星的情况下，其中一颗恒星与太阳的大小差不多。另一颗是一种小而致密的恒星，叫作白矮星。白矮星强大的引力将较大恒星的物质吸引到了自己身上。白矮星一旦收集到足够的物质，就会发生突然和剧烈的爆炸，成为一颗新星。

大多数白矮星在成为新星后还能存活下来。许多科学家认为，一些双星在其一生中可能会产生许多次新星。

有些恒星会产生一种不同类型的爆炸，从而形成超新星，超新星的亮度是新星的数千倍。

延伸阅读：双星；恒星；超新星；白矮星。

在一群名为鹿豹座Z的恒星中闪现出一颗新星（靠上方）。在小图中，这颗新星周围的许多恒星都被滤掉了（插图）。

信使号

MESSENGER

在信使号拍摄的这张伪彩色照片中，红色代表高度较高的地区，较低的区域被涂成蓝色和紫色。

信使号探测器是飞往水星的一艘飞船。信使号这个名字是水星表面、空间环境、地球化学和测距的字母缩写。这个探测器由美国国家航空和航天局于2004年发射升空，2011-2015年环绕水星运行。信使号的设计任务是研究水星的表面、内部构造和磁场。

信使号发回的信息表明，水星的地质活动并不像科学家们曾认为的那样，在数十亿年前已经结束。探测器发现了比较新的活火山活动以及地壳移动的证据。有些活动可能是水星逐渐收缩导致的。这种收缩或许可以解释水星表面为何在扭曲和碎裂。对水星表面的近距离观察表明，在相对较近的时期，水星表面也曾有熔岩流动，这与科学家此前认为的不同。

延伸阅读：水星；太空探索。

星尘号

Stardust

星尘号是美国的太空探测器。它被设计用来收集彗星上的物质并将其带回地球。美国国家航空和航天局于1999年2月7日发射了"星尘号"。

2004年1月2日，星尘号飞到了距离怀尔德2号彗星的彗核236千米的范围内。该探测器从彗星的彗发（围绕着彗核的尘埃和气体云）中捕获了数千个粒子。星尘号随后返回地球，释放了装有收集到的样品的太空舱。2006年1月15日，太空舱降落在犹他州的地面上。

2011年，星尘号成为再度拜访彗星的探测器，它开始探测坦普尔1号彗星。美国国家航空和航天局的深度撞击号飞船在2005年曾访问了这颗彗星。星尘号这次的任务被称为"NeXT"，它让科学家们首次看到彗星经过太阳附近后的变化。

延伸阅读：彗星；太空探索。

2004年，星尘号太空探测器拍摄的怀尔德2号彗星核心的照片。从中可以看到薄薄的山峰、宽阔的平顶山和较深的区域。

星等

Magnitude

星等是天文学家衡量天体亮度的指标。恒星或行星越亮，其星等的数值就越小。星等体系建立在古希腊天文学家依巴谷的工作基础上。约公元前125年，依巴谷将恒星按亮度分等。他把最亮的恒星定为一等，次亮的定为二等，依次直到最暗弱的恒星，定为六等。

后来的天文学家发现，一等星的亮度大约是六等星的100倍。任意某星等恒星的亮度都大约是下一等恒星的2.5倍。这一指标被一直延伸到零星等和负星等，因为有些恒星和行星比一等星还要亮。例如，太阳的星等是−27等。

星等通常指的是视星等，或者是从地球上看去星体所呈现的亮度。为了与星体实际的亮度相区别，天文学家使用绝对星等这一概念。这个概念代表着将不同天体放到与地球距离相同的某个位置上时，天体所呈现出来的亮度。按绝对星等计算，太阳只是一颗五等星。

延伸阅读：依巴谷；光；行星；恒星。

星际介质

Interstellar medium

　　星际介质是星系中存在于恒星之间的所有普通物质。星际介质包括气体以及细小的固体颗粒，即所谓的星际尘埃。我们的银河系中的大多数气体都由氢元素的分子和单个原子组成。除氢元素之外最常见的元素是氦。尘埃微粒的尺寸大小不一，但绝大多数只有你课桌上的灰尘的数百万分之一那么大。

　　和通常的烟雾一样，星际尘埃会遮蔽可见光。因此，天文学家最初看到的银河系内的星际介质是照片（可见光下拍摄）上的形状怪异的黑色斑块，与明亮的星海背景形成鲜明对比。

　　星际介质在星系中的分布并不均匀。在银河系和其他的旋涡星系中，旋臂中的星际气体要比旋臂之间分布得更为紧密。

　　温度极高的恒星将它们附近的星际气体加热，这让气体闪耀着美丽的色彩。在某些星际介质特别致密的区域，当冷寂的星际介质因自身引力而坍缩时，从中便形成了新的恒星。

哈勃太空望远镜拍摄的初生恒星周围的星际尘埃和气体星云。

星系

Galaxy

　　星系是由恒星、气体、尘埃和其他物质通过引力聚集在一起而形成的巨大集合体。太阳、地球和太阳系中的所有其他行星都位于银河系中。我们的银河系的外观就像一个横跨夜空的"牛奶色"带子。事实上，"星系"这个词就来自希腊语中的"牛奶"。

　　20世纪20年代，美国天文学家埃德温·P.哈勃发现，宇宙中除了我们自己的星系之外，还包含许多其他星系，每个星系由数十万到数万亿颗恒星组成。大多数天文学家认为，星系中还含有大量暗物质。暗物质是不可见的，因为它不会发射、反射或吸收光线。天文学家只能通过暗物质对可见物质的引力来探测它。

星系的大小从直径几千光年到几百万光年不等。每个星系的总质量大约是太阳的数百万到数万亿倍。

来自众多恒星的光使天文学家能够观察到遥远的星系。来自最遥远、最古老星系的光经过了130亿年才到达地球。因此，天文学家能够观察到这些星系在很久以前还处于宇宙的早期时的样子。人们在地球上用望远镜可以看到成千上万亿个星系。

星系有三种主要类型：旋涡星系、椭圆星系和不规则星系。

旋涡星系的形状像风车，其中心有核球，周围是从中心核球旋转出去的明亮而弯曲的旋臂。银河系就是一个旋涡星系。

椭圆星系具有椭圆形的外观。许多椭圆星系看起来像扁平的球体，然而，也有一些几乎是正圆的。椭圆星系在中心处最亮，朝向边缘时逐渐变暗。它们是最大的星系。

不规则星系是指没有简单形状的星系。它们绝大多数都比旋涡星系要小。

五个星系构成了一个名为"斯蒂芬五重星系"的组合。其中，四个星系正在碰撞，一个星系（右下）比其他四个更接近地球。

旋涡星系的旋臂可能会因为它从附近较小的星系（图像右侧）拉出的恒星和尘埃流而呈现不同寻常的外观。

并非所有星系都属于如上三种星系类型之一。特殊星系具有不寻常的形状，这些星系可能是由两个或多个星系碰撞或其他剧烈事件中产生的。例如，星暴星系呈现各种形状，它们以异乎寻常高的速度诞生新恒星；活动星系形状多变，它们的核心处可发出大量的辐射。

包括银河系在内的大多数星系都会跟其他数十个星系聚集在一起形成星系群，或者跟数百到数千个星系一起聚集成团。星系群和星系团还会进一步组成超星系团。

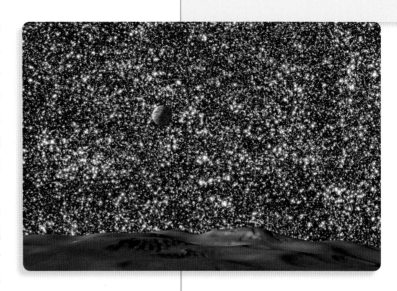

正如一幅艺术家的插图所示，与地球的夜空相比，第一批星系中某颗行星的夜空似乎显得有些拥挤。当第一批星系形成时，它们把数十亿颗新生恒星挤入相对较小的空间里。

人们如果不使用望远镜，从地球上只能看到三个星系：居住在赤道以北的人可以看到仙女座大星系的旋涡星系；居住在赤道以南的人可以看到两个不规则的星系——大麦哲伦云和小麦哲伦云。

天文学家通常通过星系发出的光来研究它们，但是星系也会释放出其他类型的能量。科学家可以使用特殊仪器来捕获这些类型的能量用于研究。

天文学家已经了解到，早期宇宙中的星系和今天存在的星系存在着几个重要差异。例如，早期的宇宙有更多的小型星系和活动星系；早期宇宙中的大型旋涡星系和椭圆星系比现在宇宙中的要少。

三个星系碰撞形成一个不寻常的天体，天文学家用绰号"鸟"为它命名。"鸟"的亮度超过太阳的10亿倍。

天文学家还了解到，星系可以通过碰撞及并合形成各种大小和类型的新星系。事实上，他们相信，在数十亿年的时间里，许多较小的星系可能已经并合，从而产生了我们今天观察到的星系、星系群和星系团。

星系演化仍在继续。例如，在几十亿年后，银河系和仙女座大星系将合并成一个更大的星系。

延伸阅读： 仙女座大星系；暗物质；哈勃；光年；本星系群；麦哲伦云；银河；恒星；宇宙。

星云

Nebula

　　星云是太空中的尘埃粒子和气体云。科学家们使用"星云"这个术语来表示不止一种这类云。星云可以在银河系和其他称为星系的恒星系统中找到。星云有弥漫星云或行星状星云。

　　弥漫星云是两种星云中较大的一种。科学家认为，许多弥漫星云中正在形成新的恒星。有些星云含有足够多的灰尘和气体，可以形成100000颗与太阳大小相当的恒星。

　　行星状星云是由尘埃和气体组成的云球。这些星云环绕着其中心处一些古老的恒星运行。当一颗恒星开始坍塌并甩掉其大气层的外层时，就会形成行星状星云。

延伸阅读： 星系；星际介质；银河；恒星。

猫爪星云是一个恒星形成区里的一片弥漫星云。

星座

Constellation

　　星座是夜空中特定区域里的一群恒星。星座这个词也指在一群恒星周围的那一部分天空。古希腊数学家托勒玫把恒星分成了48个星座。现代天文学家把整个天空划分成了88个星座。

　　组成星座的恒星到地球的距离看起来好像是一样的，但其实并非如此。例如，北斗七星距离地球大约60～120光年不等。星座里的群星到地球的距离看起来好像相同，那是因为它们距离地球实在太远，而且在天上同一区域出现。

　　在漫长的历史上，全世界很多族群都给天空中的这些图案起了名字。这些族群包括中国古人、美国和澳大利亚的原住民。古希腊人、古罗马人，以及其他各种早期文明的人们观察到了占天空三分之二的北部的恒星群，他们用动物、神灵，还有故事里人物的名字为之命名。例如，狮子座得名如此就因为它看起来像是一头狮子，仙女座则是以古希腊神话故事中一位女主人公的名字命名的。

从15世纪到18世纪，欧洲人探索了世界的南部。地图绘制者和探险家为他们看到的在天空最南端三分之一的群星取了名字。例如，望远镜座是根据望远镜来命名的，杜鹃座是根据一种生活在中美洲和南美洲的巨嘴鸟命名的。

有些星座只能在某些季节才能看到，这是因为地球自转轴的倾斜导致的变化。世界不同地区的人们可以看到天空的不同部分，他们的视野取决于其位于赤道以北或南，以及其到赤道的距离。赤道上的人在一年中可以看到所有的星座。

延伸阅读：恒星；黄道带。

北斗七星到地球的距离范围约为60光年到120光年。它们只是看上去像跟我们的距离是相等的。

行星

Planet

行星是围绕太阳或其他恒星运行的大型球状天体。地球是太阳系的八大行星之一。行星比太阳和几乎所有其他恒星小得多。太阳系以外也有许多行星。

用裸眼看来，行星看起来很像夜空中的背景恒星。然而，相对于恒星，行星逐夜慢慢移动。行星英文名"planet"来自希腊语，意思是"游荡"。行星看上去具有稳定的光芒，而恒星看上去总在闪烁。实际上行星不像太阳和其他恒星那样自己能发光，行星之所以能被看到，是因为反射了太阳光。

地球是唯一已知的表面有液态水的行星。

　　行星主要以两种方式运动。它们在称为轨道的路径中绕着它们的母星行进，同时，它也会绕其自转轴进行自身旋转。

　　多年来，行星这个词在天文学中没有正式的定义。学者们正努力构建一个简单的系统来解释最小的行星与最大的彗星、小行星和其他天体之间的差异。2006年，国际天文学联合会投票决定行星一词的标准定义。一些天文学家对这一决定表示欢迎，也有些天文学家认为这个定义不够明确而拒绝接受。

水星是最小的行星，也是最接近太阳的行星。

　　国际天文学联合会将绕太阳运行的物体分为三大类：（1）行星；（2）矮行星；（3）太阳系小天体。行星绕着太阳而不绕其他天体运行。它有如此多的质量以至于自身引力使其成为一个球体。此外，行星具有足够强的引力来扫清其轨道区域，使之保持相对空旷。

　　矮行星也绕太阳运行，也大到足以成为圆形。然而，它的引力不足以清除其轨道区域。太阳系的小天体，包括大多数小行星和彗星，质量太小，其引力不足以令其不规则形状变为球体。

　　从太阳向外，八个行星依次是水星、金星、地球、火星、木星、土星、天王星和海王星。冥王星在1930年被发现之

好奇号探测器在火星发现了可能在液态水的情况下才能形成的岩层。

后，通常被认为是一颗行星。然而，它的小尺寸和不规则轨道导致许多质疑：冥王星是否够格与地球和木星这样的星球归为一类。冥王星更像是外太阳系柯伊伯带中那些冰冻天体。在21世纪初，天文学家们发现了几个与冥王星同等大小的柯伊伯带天体。因此，国际天文学联合会创造了"矮行星"这个类别来描述冥王星和其他接近行星大小的物体。

自1992年以来，天文学家已经发现了成千上万的太阳系外行星，简称系外行星，它们围绕其他恒星运行。天文学家无法直接看到这些行星，但他们可以通过恒星运动的微小变化和来自恒星光量的微小减少来探测这些行星。

延伸阅读： 矮行星；太阳系外行星；气体巨行星；木星；柯伊伯带；火星；水星；海王星；轨道；行星光环；冥王星；卫星；土星；太阳系；太阳；天王星；金星。

艺术家笔下围绕恒星格利泽436运行的一颗行星。天文学家利用强大的望远镜和其他仪器发现了围绕太阳以外恒星运行的许多行星。

柯伊伯带已知的最大天体

闯卫

闯神星　　冥王星　冥卫一　鸟神星

妊神星　　赛德娜　　夸奥尔

地球

柯伊伯带中的四颗天体被确定为矮行星——闯神星、冥王星、鸟神星和妊神星。在柯伊伯带以外的轨道上运行的赛德娜和夸奥尔也可能是矮行星。

行星环

Planetary ring

行星环是一颗行星周围由岩石或冰冷颗粒组成的盘状区域。从远处看，这些区域看起来是实心环。在太阳系中，行星木星、土星、天王星和海王星都有环。我们可以看到这些环，因为它们的粒子会反射阳光。土星环最为致密，它反射大量的阳光，即使是小型望远镜也能看到它们。

木星、天王星和海王星周围的环密度要小得多，像这样粒子较少、散布区域却更宽的环看起来太暗淡，只有强大的望远镜或飞到附近的航天器才能探测到它们。这种环称为弥散环。

行星环中的颗粒大小不等，从微小颗粒到巨石都有。这些颗粒都在各自轨道上绕行星运行。天文学家经常将一颗行星的所有环和环内小卫星称为行星环系统。

天文学家无法确定行星环起源的时间和方式。有证据表明，大多数光环是在相当近的时间内形成的，可能是在过去的1亿年以内。弥散环看起来是由环内卫星不断抛出的小颗粒组成的，致密环可能是由在一次碰撞中被毁灭的大天体的碎片组成的。

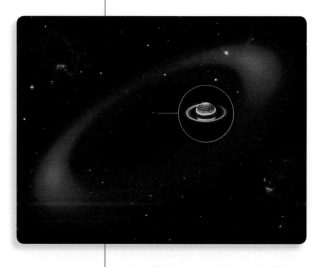

在太阳系中有一圈此前未知的暗色环环绕着土星，它比其他任何已知的行星环都要大得多。这道环（艺术想象中的红色椭圆形）从土星向外延伸约1200万千米（插图中放大的是土星，它在图像上显示为中心小点）。

延伸阅读： 木星；海王星；行星；卫星；土星。

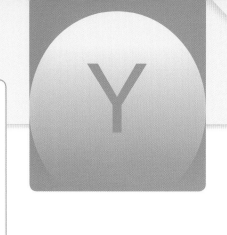

掩食

Eclipse

掩食是行星、卫星或恒星变暗的现象。当一个行星或卫星的阴影落在另一个行星或卫星上的时候，就会发生这种变暗现象。在地球上通常可以看到日月食，因为月球和地球总是将阴影投射到太空中，有时它们阻挡了太阳的光线，就发生了日食或月食。

当地球的阴影覆盖月球时，就会发生月食。大多数时候阴影并不能完全覆盖月球，所以月亮不会变得完全黑暗。相反，月亮的一部分或全部会变成红色。

当月亮在太阳和地球之间穿过时，会发生日食。月亮能使太阳全部或一部分变暗。来自太阳的光很强，会伤害眼睛。任何人都不应该用裸眼看日食。太阳镜并不能提供足够的保护，只有带特殊过滤片的眼镜才是安全的。

天文学家可以非常准确地预测掩食。每年地球各地加起来，至少能看到两次日食和多达三次月食。

地球和月球之外的天体也可以相互遮掩。木星有时会遮挡它的卫星反射的太阳光。同样，木星卫星也经常会在木星上投下阴影。

延伸阅读： 日冕；木星；月球；行星；卫星；太阳。

日食只发生在新月时，即月亮正好处于地球和太阳之间时。地球上被月亮完全遮蔽无光的区域称为全食路径，在这个区域里可以看到日全食。在这个区域外但仍在附近的人们可能会看到日偏食。

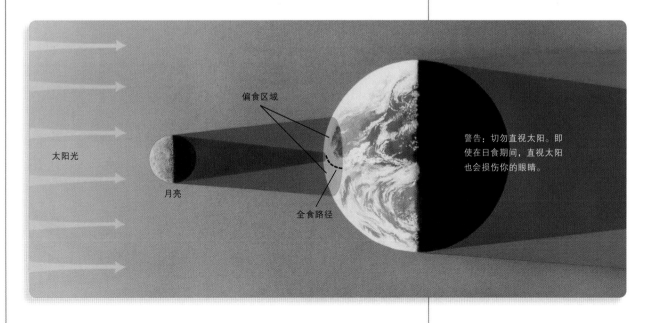

太阳光

月亮

偏食区域

全食路径

警告：切勿直视太阳。即使在日食期间，直视太阳也会损伤你的眼睛。

央斯基

Jansky，Karl Guthe

卡尔·古特·央斯基（1905—1950）是美国工程师。他是首位探测到太阳系外射电波的人。央斯基的发现开启了射电天文学的发展历程，这一天文学分支是研究太空中物体辐射出的射电波的学科。

1931年，央斯基开始研究横跨大西洋的无线电通信中的静电问题。静电是无线电信号中的干扰信号，通常因大气中的放电现象产生。1932年，央斯基听到了无法识别的静电干扰，但他很快便确定这种静电来自太阳系之外，源头位于人马座方向。央斯基在1932年和1933年发表了他的发现。他的发现标志着天文学的一个重大突破。今天，科学家通过射电波来观察太空中用其他望远镜观测不到的天体。

央斯基生于俄克拉何马州的诺尔曼，他毕业于威斯康星大学。

延伸阅读：人马座；望远镜。

央斯基站在他的无线电天线前，他是第一个探测到太空中的射电波的人。

杨利伟

Yang Liwei

杨利伟（1965—　）是第一位进入太空的中国宇航员。2003年10月，杨利伟在太空中度过了21个小时。他在地球轨道上绕行了14圈，移动了60万千米。飞行结束后，杨利伟安全降落在内蒙古。在进入太空之前，杨利伟是一名中国空军飞行员。

俄罗斯和美国是仅有的另外两个将人类送入太空的国家。

延伸阅读：宇航员；中国国家航天局；太空探索。

杨利伟

叶凯士天文台

Yerkes Observatory

叶凯士天文台是一个由芝加哥大学运营的研究天文学的地方，位于威斯康星州威廉斯湾。

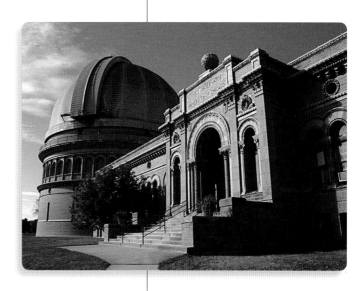

这座天文台有五架望远镜。其中三架是反射望远镜，使用反射镜来收集和聚焦光线。第四架是折射望远镜，它使用透镜收集并聚焦光线。这是世界上最大的折射望远镜，有19米长。第五架望远镜是施密特照相机，它是由一片透镜和一面反射镜组成的设备。

1895年，美国天文学家乔治·E.海尔接到芝加哥商人查尔斯·T.叶凯士的大笔捐赠，创建了这个天文台。海尔是天文台的第一任主任，他在这里取得了太阳研究方面的进展。美国天文学家弗兰克·施莱辛格在这里发明了测量恒星距离的方法。

2006年，芝加哥大学宣布把天文台用地出售给私人土地发展商的计划，但来自威廉斯湾社区的反对促使该大学重新考虑该计划。除了研究，叶凯士还为教育工作者举办讲习班，提供公众参观，还为公众提供通过望远镜观察天空的机会。

延伸阅读： 海尔；天文台；望远镜。

位于威斯康星州威廉斯湾的叶凯士天文台，为游客提供参观和通过望远镜观察天空的机会。

依巴谷

Hipparchus

依巴谷（前180—前120）是古希腊天文学家，出生在尼西亚（今土耳其伊斯坦布尔附近）。人们认为他发现了二分点的进动。

二分点是天空中特殊的两个点。太阳看上去从这两个点穿过天赤道。天赤道是横贯天空中间的一条假想线。

古罗马作家老普林尼写道，依巴谷为一颗新星感到兴奋。当他看到以前的恒星研究数据时，他注意到这一恒星已经发生了位置移动。他通过二分点的缓慢进动解释了这种移动。这种移动也称岁差，是由地球自转轴旋转方向的微小变化引起的。月球和太阳的引力作用于地球赤道附近的凸起引起了方向的变化。

依巴谷

依巴谷的工作帮助人们更多地了解太阳和月亮的运动，还提高了预测日月食的能力。在发生掩食的时候，太空中一个天体的阴影落在另一个天体上，或者一个天体从另一个天体前面经过而遮挡了后者的光线。

宜居带

Habitable zone

宜居带是指一颗恒星周围的区域，在其中运行的行星或卫星表面可能会存在液态水。科学家认为，必须存在液态水才可能存在我们所知道的生命。科学家有时称宜居带为"金发姑娘区"，在童话《金发姑娘和三只熊》中，金发姑娘进入三只熊的房子，小熊的粥、椅子和小床对她来说都是"刚刚好"，而这个区域内的行星或卫星的温度也"刚刚好"。也就是说，行星温度在适宜范围内，既能防止所有液态水蒸发，又能防止所有水结冰。地球便处于太阳的宜居带。

宜居带的位置取决于恒星的大小。恒星温度越高，行星或卫星要保持液态水的存在就需要距离恒星越远。例如，围绕比邻星运行的一颗行星距离比邻星就要比水星环绕太阳运行的距离更近，但是因为比邻星是一种温度相对低的小型恒星，所以该系外行星仍然位于恒星的宜居带内。天文学家发现了很多太阳系外行星，它们位于各自恒星的宜居带内，但天文学家不知道这些天体上是否存在生命。

延伸阅读：太阳系外行星；轨道；半人马座比邻星；红矮星；恒星。

如果一颗行星能在其表面上保持液态水的存在，我们就认为它处于宜居带内。科学家认为液态水对于支持生命非常重要。天文学家已经发现了好多颗在其他恒星宜居带内运行的行星。

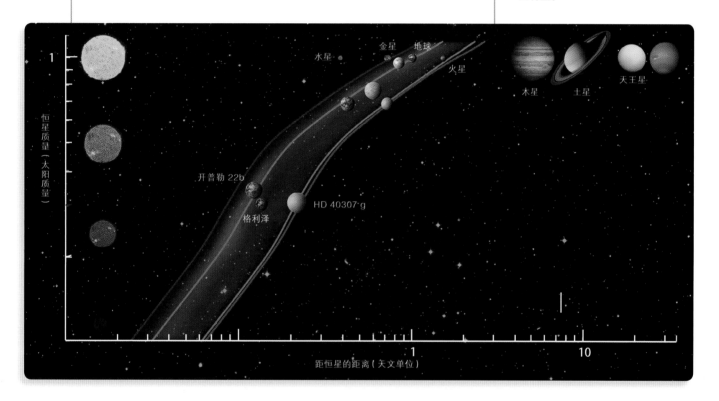

银河

Milky Way

银河是一个星系，太阳、地球和太阳系中其他天体都在其中。银河也指人们不用望远镜等光学仪器就能够看到的那部分银河系。在晴朗的暗夜，银河系肉眼可见的部分呈现为一条宽阔、奶白色的带子，横亘在天空中。如果连续观测银河一整年，就能够看到，这条带子似乎在天空中环绕地面一周。银河中的黑暗裂口由能够遮蔽背后星体光线的气体和尘埃云组成。银河系也是一个由约50个星系组成的星系集团——本星系群的成员。

银河系的外形像是一个薄盘，中心部分膨胀凸起。这个凸起部分是恒星的密集区域，直径约15000光年。银河系中所有的恒星和星团都环绕银河中心运行。

恒星、尘埃和气体从银河中心的凸起部位沿着螺旋方向伸展出来。从银河之外的远处看去，银河系像是一个巨大的旋转风车。但我们眼中的银河系形象实际由近处的一些恒星发出的光所决定，原因之一在于我们身处银河系之内，其次，星际尘埃遮挡了部分星光。

银河系直径大约10万光年，其中心的凸出部位厚度约1万光年。银河系非常巨大，有10个小星系环绕其运行，就像卫星绕行星旋转一样。

太阳系位于银河系的一条旋臂上，距离中心约25000光年。在我们所处的区域，恒星之间的平均距离约5光年。而银河核心部位的恒星之间的距离是我们这里的百分之一。

气体和尘埃组成的星云阻碍了天文学家通过可见光观察银河核心。然而，其他形式的光可以穿透星云。通过研究此类光辐射，天文学家在银河中心区域发现了不寻常的天体。

研究表明，有一股强大的引力起源于银河核心位置。这种引力如此强大，产生该引力的物体的质量要在太阳质量的400万倍以上。此外，这一巨大的质量还需要集中在比太阳系还小的空间范围内。目前已知的唯一一种能够拥有如此巨大质量且如此之小的天体是黑洞。黑洞是一种不可见的天体，其引力十分巨大，甚至光都不能从其中逃逸。

延伸阅读： 黑洞；星系；引力；光年；星际介质；本星系群；沙普利；恒星。

银河系是太阳、地球以及太阳系其他所有天体所在的星系。

引力

Gravitation

引力是物体之间彼此吸引的力。引力使行星在轨道上围绕太阳运行，它还可以使您的双脚牢牢站定在地面上，会导致物体被扔掉时向下坠落。引力的另一个名称是重力。

由于物体有质量，所以物体之间存在引力。每个物体都有自己的引力作用，但质量较大的物体比质量较小的物体具有更强的引力。地球的引力使月球保持在围绕地球的轨道上运行。因为月球的质量较小，它的引力不如地球那么强，这也解释了为什么登上月球的宇航员可以提起在地球上因为太重而无法提起的装备。

17世纪后期，英国科学家艾萨克·牛顿提出了几条重要的引力定律。他解释说，两个物体之间的引力与它们的质量直接相关，物体之间离得越远，引力就变得越弱，引力是物体落到地面和行星围绕太阳运行的原因。然而，牛顿无法解释是什么导致了引力的产生。即便如此，在200多年的时间里，科学家们还是接受了牛顿的这些观点。

1915年，基于牛顿的工作，出生于德国的科学家阿尔伯特·爱因斯坦提出了关于万有引力的新思想。爱因斯坦的观点被称为广义相对论。在爱因斯坦之前，人们一直认为空间只是空虚的，但爱因斯坦说太空有点像橡皮床单。他的理论认为，在太空中，像太阳这样的天体，实际上改变了空间的形状。它们会使空间弯曲，就像保龄球会使橡胶床单向下弯曲一样。空间的弯曲导致物体彼此相向移动。许多实验已经证明爱因斯坦是正确的。虽然爱因斯坦的理论被广泛接受，但引力的来源仍然是未知的。

延伸阅读： 月球；轨道；行星；太空。

引力波

Gravitational wave

引力波是一种承载引力作用的辐射。物质在空间中的运动产生了引力波。可探测的引力波是由非常剧烈的宇宙事件引起的。

1915年，出生于德国的美国物理学家爱因斯坦在其广义相对论中预测了引力波的存在，但在之后的100年里，它们未被证实。2016年，激光干涉仪引力波天文台的研究人员宣布他们已经探测到来自两个碰撞黑洞的引力波。

引力波可以被看作在时空中移动的涟漪。涟漪能拉伸和缩小时空，使物体不必移动就能改变它们之间的距离。想象一下两个小橡皮球在太空中自由漂浮的情景。如果它们经过引力波，它们之间的距离会发生变化，但是其中任何一个都不会受到任何将它推向或远离另一个小球的作用力。

延伸阅读：黑洞；引力。

引力透镜

Gravitational lensing

引力透镜是来自远处天体的光线弯曲现象。它是由远处天体和观察者之间某个天体引力场引起的。引力场是天体周围受该天体引力影响的区域。被弯曲的光线称为引力透镜，因为引力场起的作用很像透镜。

引力透镜可以放大遥远天体，比如哈勃太空望远镜拍摄到的这个星系。

所有有质量的天体由于其引力都会使空间弯曲。在小天体上很难看到这种弯曲。然而，巨大的天体可以使空间弯曲到足够的程度，从而可以显著地弯曲穿过它的光线。例如，假设有一颗遥远的恒星，在那颗遥远恒星和地球上的观察者之间有一个巨大的天体，如一个星团。那么，来自那颗遥远恒星的光线会在到达观察者眼睛之前被该星团弯曲。出生于德国的美国物理学家阿尔伯特·爱因斯坦预测了这种光线弯曲。

延伸阅读：太阳系外行星；引力；光。

印度太空研究组织

Indian Space Research Organization

印度太空研究组织管理着印度大多数太空项目。该组织设计和操控卫星及把这些卫星送进太空的火箭，还处理卫星收集的信息。

印度的第一颗卫星是阿耶波多号科研卫星，1975年由苏联帮助发射入轨。印度首次独立成功发射的卫星是1980年的罗西尼号。

如今，印度拥有众多通信卫星、气象卫星和遥感卫星。遥感卫星搜集地球表面的信息，这些信息可被印度的研究人员用来估计粮食种植面积、测定洪水造成的危害等。

2008年，印度发射了月船1号月球轨道探测器。这颗卫星绘制了月球的表面图，并释放了一个探测器在月球表面着陆。通过这次任务，印度太空研究组织成为第五个将探测器发射到月球表面的机构。2013年，印度太空研究组织发射了曼加里安号火星轨道探测器，它于2014年抵达火星。

印度太空研究组织成立于1969年，1972年起归印度航天部门管理，总部位于班加罗尔。印度的火箭发射场位于孟加拉湾斯里哈里科塔岛。

延伸阅读：人造卫星；太空探索。

印度太空研究组织的火箭从斯里哈里科塔岛太空中心将月船1号无人探测器发射升空。

英仙座流星雨

Perseid meteor shower

英仙座流星雨是一群出现在7月和8月的流星，这些流星看上去像来自英仙座。当一块物质从太空高速进入地球大气层时，就会成为一颗流星。这样的物质被称为流星体。

引发英仙座流星雨的那群流星体在围绕太阳的轨道上

运行，每年夏季中期地球会从它们中间穿过。它们进入地球大气层时才变为可见的流星雨。英仙座流星雨是由一颗名为斯威夫特—塔特尔的彗星引起的。当彗星靠近太阳时会留下残余物，地球穿过其中，从彗星上脱落的小碎块撞进地球大气层，就会导致流星雨。

　　斯威夫特—塔特尔彗星上一次靠近地球是在1992年。它将在大约133年后才会返回。尽管彗星在1992年经过，但科学家认为形成流星雨的大部分碎片在几千年前就已经从彗星上脱落了。

　　延伸阅读：彗星；狮子座流星雨；流星和陨石。

英仙座流星雨由斯威夫特—塔特尔彗星的小碎块形成，发生在每年的7月和8月。

宇航员

Astronaut

　　宇航员是驾驶航天器或在航天器上工作的人。宇航员是在美国使用的名称，在俄罗斯称为太空人员，在中国通常称为航天员。

　　在美国，大多数宇航员为美国国家航空和航天局工作，美国国家航空和航天局通常会选拔训练两种基本类型的宇航员：飞行员和任务专家。

　　在开始训练前，飞行员必须有驾驶喷气式飞机超过1000小时的飞行经验。他们负责驾驶航天器。

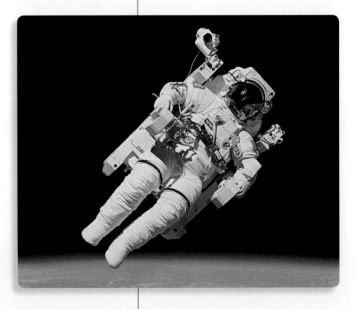

　　任务专家必须至少有三年与他们将在航天器执行的任务有关的工作经验。他们负责照看航天器、做实验、发射卫星，并在太空中行走。

　　美国国家航空和航天局有时也会选拔载荷专家。载荷专家是在太空进行科学实验的科学家。载荷专家不必通过美国国家航空和航天局全面的宇航员培训。宇航员在得克萨斯州休斯敦市的林登·B.约翰逊航天中心接受训练。他们需要

1983年的一次航天飞机任务期间，宇航员布鲁斯·麦坎德利斯二世漂浮在太空中。他使用载人机动装置设备在航天飞机周围活动。

研究科学、航天器跟踪和其他科目，也要进行飞行训练。任务专家通常不是飞行员，但他们同样需要学习航天器的工作原理并进行一些飞行练习。

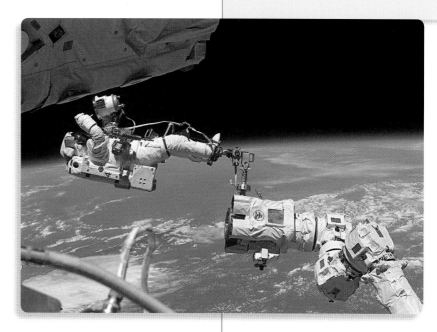

在机器人的辅助下，一名宇航员在国际空间站外进行太空行走。

所有宇航员都要学习生存技能。如果航天器降落在人迹罕至的海上或陆上区域，他们需要知道该做些什么。宇航员也有任务训练，需要研究航天器及其设备。

宇航员并不总是被派去太空飞行，在等待任务的同时，他们也从事工程和其他工作。但是一旦被选入乘员组，他们就得开始在模拟器上进行训练。模拟器在设计上尽可能与航天器一样。宇航员需要学会解决在太空中可能出现的问题。他们还会在航天器模型里接受训练。

宇航员有时会为了太空飞行接受特殊训练。例如，他们可能需要练习使用喷气动力背包。执行任务期间，在没有保险绳的情况下，他们借助这些背包在航天器之外飞行。

宇航员也会在地面上工作，他们给机组人员提供信息和指令，与工程师和科学家一起工作，还会提出改进航天器和装备的建议。

1961年4月12日，苏联宇航员尤里·加加林成为在太空旅行的第一人，他进入了轨道，也就是绕着地球转了一圈。23天后的5月5日，艾伦·B.谢泼德成为美国的第一位太空旅行者，但他没有进入轨道。

约翰·H.格伦是第一个进入轨道的美国人，他在1962年2月20日绕地球飞行了三圈。进入太空的第一位女性是苏联宇航员瓦伦蒂娜·捷列什科娃。1963年，她在太空中待了三天。许多来自其他国家的宇航员们已经开始与俄罗斯人和美国人一起执行太空任务。2003年10月15日，杨利伟成为中国第一位进入太空的宇航员。目前，全世界只有几百人进入过太空。

1998年10月，美国宇航员格伦再次进入太空飞行，当时他已经77岁了。

宇宙

Universe

　　宇宙无处不在，无所不包，它是时间，是空间，是万事万物，它包括所有我们能用眼睛和科学仪器看到的物质。这些物质包括太阳和其他恒星，地球和其他行星，以及太空中的所有其他天体。宇宙的成分里还有大量肉眼看不到的物质，甚至使用现在的科学仪器也看不见。宇宙也包括可见光和不可见光，以及其他形式的能量。引力、电和其他基础作用力也是宇宙的一部分。

　　宇宙把现在存在的一切，与过去存在过和将来会存在于时空中的一切结合起来。但是我们的宇宙可能仍然不是全部。过去也有可能存在过其他宇宙，现在有可能依然存在着其他宇宙。

　　宇宙学家研究宇宙发展、结构以及塑造宇宙的力量。大多数宇宙学家同意，大约138亿年前的大爆炸这一事件，标志着我们宇宙的开始。在大爆炸之后远远不到一秒钟的极短的时间里，整个宇宙只有针尖的几千分之一。根据暴胀理论，宇宙在接下来不到一秒的时间内膨胀到一个星系的大小，然后它继续扩张。

　　天文学家发现宇宙现在仍在膨胀。宇宙中几乎所有的星系看上去似乎都在远离我们的银河系，并远离彼此。宇宙学家认为出现这种情况是因为宇宙本身在膨胀。此外，他们相

这是由太空中一架收集微波辐射的望远镜生成的一张宇宙地图。这张图显示了宇宙大爆炸仅仅38万年后的温度差异，即宇宙的诞生。这些差异表明在早期宇宙中的物质开始聚集成团（橙色和红色斑块）。经过数百万年，这些团状物开始成长为我们今天看到的星系。

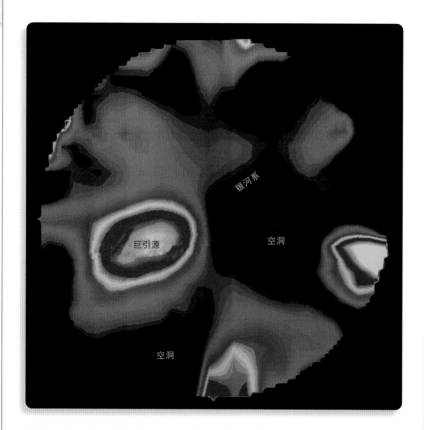

银河系位于一个边界上，一边是物质很少的区域，称为空洞（暗区），另一边物质很致密，称为"巨引源"。这张计算机生成图是银河系周围3亿光年范围内物质分布的图像。

信这种扩张正在增长得越来越快。他们认为一种叫作暗能量的未知神秘力量正在推动这种膨胀。

没有人知道宇宙的大小。科学家们已经绘制的地图显示，宇宙绵延数十亿光年，其中有数十亿个星系。但是科学家还不能绘制出整个宇宙的地图。他们普遍认为，他们永远无法做到这一点。

科学家过去曾认为宇宙可能永远保持不变，但是科学的发现表明这是不正确的。有些科学家认为，宇宙中的所有物质都可能在"大坍缩"中重新聚集在一起。如果宇宙中所有物质的引力足够强大，从而能够克服膨胀，就会发生这种情况：整个宇宙最终会自己收缩。然而，研究强烈表明，这不会是我们这个宇宙的命运。今天，许多科学家都同意，宇宙似乎正处在永远膨胀下去的路上。

延伸阅读： 大爆炸；宇宙学；暗物质；星系；哈勃常数；暴胀理论；光年；本星系群；银河。

宇宙如何膨胀

当天文学家观察遥远的星系时,可以看到它们正在远离我们。这表明宇宙一直在变大。大多数科学家相信,自从138亿年前大爆炸产生了宇宙以来,它一直在膨胀。

也许你愿意和一个小伙伴儿一起做这个实验。

你需要的东西:

- 尖头记号笔
- 气球
- 一把尺子
- 钢笔或铅笔
- 一个笔记本

1.用记号笔,在一个稍扁的气球上画点来代表星系。

3.吹起过程中停下几次,测量一些点之间的距离。把它们记在笔记本上。

2.把气球一次吹大一点。当气球被吹大时,"星系"之间的距离会变大。

正在发生的事情:

气球上的每个点都在远离其他所有的点。这正是宇宙膨胀时太空里发生的事情。星系大小保持不变,但彼此之间的距离越来越远。天文学家还认为宇宙膨胀正在加快。

宇宙射线

Cosmic rays

当宇宙射线撞击地球大气层时，它们分裂并产生了许多不同类型的粒子。

宇宙射线是指以极高速度穿过太空的微小粒子，准确地说是亚原子粒子（是比原子更小的物质）。宇宙射线会一路穿过我们的银河系，而且还很可能穿过其他星系，它们甚至还可以跨越星系之间的巨大空间距离。通过研究宇宙射线，科学家们可以更多地了解外太空。

初级宇宙射线主要来自太阳系之外。这些粒子大部分是原子核。初级射线穿过太空时几乎以光速运动。光的速度是每秒299792千米，是一切物体运动的最快速度。

次级宇宙射线是当初级射线撞击地球大气层中的原子时形成的。初级射线和被撞击的原子变成次级射线"暴雨"。次级射线包括所有类型的亚原子粒子。次级射线能够继续分裂成更次级射线。一些次级射线能到达地球表面。初级射线几乎从未到达地球表面。

宇宙射线不会伤害地球表面的生命。但在大气层之外，它们可以达到有害的水平。一些宇宙射线能引起太空飞船上电子电路故障。

科学家们用气球和太空飞船来研究初级宇宙射线，用地面上的大型仪器来探测和研究次级射线。

延伸阅读： 红移；范艾伦辐射带。

宇宙微波背景辐射

Cosmic microwave background radiation

宇宙微波背景辐射是早期宇宙遗留下来的能量。科学家认为这种能量是在大爆炸之后不久产生的，大爆炸是发生于约138亿年前标志着我们宇宙开端的事件。宇宙微波背景是由微波构成的。

美国物理学家阿诺·彭齐亚斯和罗伯特·威尔逊在20世纪60年代发现了宇宙微波背景辐射。他们使用了一种能够探测微波的望远镜。他们注意到，有一种来自天空所有方向的微弱信号。在与其他科学家对这种信号进行讨论之后，彭齐亚斯和威尔逊得出结论，他们探测到的是从早期宇宙遗留下来的能量。因为这个发现，他们共享了1978年诺贝尔物理学奖。

一些太空望远镜开展了宇宙微波背景辐射研究，其中一个被称为普朗克卫星的探测器，已经绘制出这种能量的详细分布图谱。科学家借助这个图谱，能够了解宇宙是如何成长并随时间而变化的。

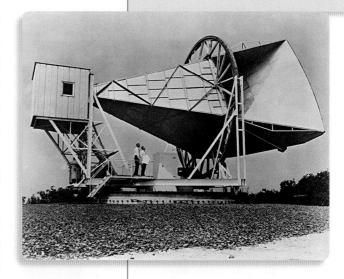

位于新泽西州霍姆德尔镇的霍恩天线射电望远镜是阿诺·彭齐亚斯和罗伯特·威尔逊发现宇宙微波背景辐射时使用的。它现在是美国国家历史地标。

宇宙学

Cosmology

宇宙学是研究宇宙的结构和塑造宇宙的各种力的学科。研究宇宙学的科学家称为宇宙学家。宇宙学家尝试解释宇宙是如何形成的，从宇宙形成以来都发生了什么，在未来又将可能发生什么。

宇宙学中最重要的几项发现都是由美国天文学家哈勃于1929年做出的。在20世纪初许多天文学家都认为，所有的恒星及其他天体都是银河系的组成部分，银河系是包含我们的太阳系在内的星系。在20世纪20年代，哈勃研究了天上一块朦胧的斑块，即所谓的仙女星云。哈勃注意到它含有像银河系里一样的恒星，但这些恒星要暗得多。他由此得出结论，这片星云中的恒星距离地球一定比我们银河系里那些恒星距地球要远得多。他的工作证明了仙女星云实际上是独立于我们银河系的一个星系。

哈勃后来研究了许多星系彼此远离的速度。他意识到，星系彼此间的距离越远，它们互相远离的速度也就越快。哈勃因此得出结论，宇宙正以均匀的速度膨胀。

自哈勃以来，宇宙学领域最大的事件可能是在20世纪90年代末发现宇宙的膨胀正在加速。大多数科学家曾认为，由于宇宙中所有物体的引力作用，膨胀正在放缓变慢。但对遥远的超新星的研究表明，它们要比预期暗淡得多。这个迹象表明那些恒星要比预测的更加遥远。一种未知的力量正在使宇宙更快速地扩张。科学家们已经把这种力命名为暗能量，他们正在尝试确定其性质。在宇宙能量中至少有三分之二是暗能量。

延伸阅读： 仙女座大星系；大爆炸；星系；引力；哈勃；银河系；星云；超新星；宇宙。

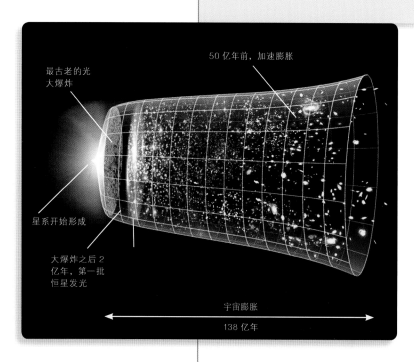

宇宙历史的时间轴可以显示大爆炸之后最初时刻（最左边）宇宙的快速膨胀。之后膨胀又迅速变慢，这持续了数十亿年。然后，不知什么原因，它从约50亿年前开始加速膨胀。

约翰逊航天中心

Johnson Space Center

约翰逊航天中心是所有美国载人航天项目的总部，由美国国家航空和航天局负责运行。该中心的全称是林登·B.约翰逊航天中心（曾称载人航天器中心），位于休斯敦，占地647公顷。

该航天中心是美国宇航员的训练基地。在宇航员从佛罗里达州卡纳维拉尔角发射升空后，航天中心的任务控制中心就接管了飞行控制工作。任务控制中心负责监视航天器上维持航天器运转和宇航员生活的各个系统的状态。

该航天中心的工程师们设计、研发并协助建造航天器。航天器在工厂建造，然后在航天中心接受仔细检测。航天中心内的一些专门舱室可以模拟飞行中的振动、真空环境以及太空中的巨大温度变化。

　　载人航天器中心的建设始于1962年，1964年它成为美国载人航天项目的总部。该中心的科学家和工程师指挥了1969年7月人类的首次登月行动。1973年2月，在美国前总统林登·B.约翰逊去世后，中心以其名字重新命名。

　　延伸阅读： 美国国家航空和航天局；太空探索。

参观休斯敦约翰逊航天中心的游客可以看到土星5号火箭，这是一种用于把美国宇航员送上月球的火箭。

月海

Maria

　　月海是月球上的暗色区域。Maria这个词在拉丁语中是"海"的复数，其单数形式是mare。这些暗色区域之所以被称为月海，是因为它们外观平滑，人们曾经以为它们是水体。火山喷发的熔岩曾经覆盖了月球上的部分区域，当熔岩冷却后，便形成了岩石，曾被熔岩覆盖的区域便形成了月海。后来的流星撞击在月海中形成了陨击坑。

　　许多月海的名字中都有"海"字。如首次载人登月任务的地点就在静海。月球上有20余个月海。

　　延伸阅读： 陨击坑；月球。

月海是月球表面平滑的暗色区域。

月球

Moon

月球是环绕地球运行的一个巨大石质天体，是地球唯一的天然卫星。在地球的夜空中，月球是最亮的天体，有时候它像是一个巨大的发光圆盘，有时候它又像是一个纤细的银色指甲。尽管月球很亮，但其自身却并不像太阳那样发光，月光是月球反射太阳的光。

月亮是太阳系中除了地球之外唯一曾被人类踏足的星球。科学家们认为月球的年龄约为46亿年，和地球差不多。

月球比地球小很多，如果把月球和地球放在一起，看上去就会像是把网球放在篮球旁边一样。月球看上去比其他任何恒星都大很多，只是因为它比其他任何天体离地球都近很多。月球距离地球约384467千米。乘坐火箭从地球到月球再返回地球，大约要六天。

月球的质量也比地球小很多，因此其引力也要小很多。在地球上重3千克的物体在月球上的感觉上只有0.5千克。尽管月球引力相对较小，但由于离地球很近，月球的引力足以使地球上的水出现潮汐现象。月球正逐渐远离地球，每年大约远离约3.8厘米。

地球上的人们用裸眼就能看到月球表面存在较亮和较暗的区域。明亮的区域是高低不平的高原，被称作月陆。月陆上有很多环形山。月陆本是月球的原始地壳，但被流星体和彗星的撞击所打破。

月球上黑暗的区域是所谓月海，之所以被称为月海，是因为黑暗区域外观平缓，人们曾经以为它们是水体。月海是被撞击的区域，后来火山喷发的熔岩将月海覆盖，这些熔岩冷却下来形成了岩石。从那以后，流星体的撞击又在月海中形成环形山。

月球上没有生命，也没有空气和风。天空总是一片黑暗，就像地球上的夜晚一样。在月球上，总是能在天空中看到星星。

月球的夜间很寒冷，温度可降至−173℃，比地球上任何地方都冷。白天温度则又可上升到127℃，比开水还要热。

月球表面明亮和黑暗区域的地理构造差异很大。明亮区域是崎岖的高原，黑暗区域部分是由火山熔岩凝结而成的平滑岩石。

月球大多数的水（蓝色区域）分布在两极区域，正如这张由印度月船1号探测器拍摄的伪彩色照片所示。

地球和月球组合而成的照片表明了它们的大小比例。

　　月球沿椭圆轨道绕地球运行，平均每27.3天绕行一周。地球的引力将月球维持在这个轨道上。在绕地球公转一周时，月球恰好也自转一周。月球上的一天大约等于30个地球日。

　　当月球环绕地球运行时，地球上的观察者可以看到，月球外表形状在改变，从弯月变成圆盘，再变回弯月。这种变化与月球绕地球的运动有关。有时，月球恰好在地球背对太阳的一侧，这时从地球上可以看到被照亮的整个月球半球。有时，我们只能看到月球被照亮的半球中的一部分，这时月球又像个纤细的薄片。这种变化被称为月相。

　　科学家认为，月球是所谓"大撞击"的产物。按照这种理论，地球在46亿年前和一个行星类天体相撞之后，被气化的岩石组成的气体云从地球表面脱离，进入环绕地球运行的轨道。这团气体云冷却下来，凝结成由小块固态物质组成的环状物。这些物质又聚集起来形成了月球。

　　古代某些民族认为月球是一团旋转着的火焰，还有些认为月球是一面镜子，能映射出地球上的陆地和海洋。但古希腊哲学家已经认识到月球是一个环绕地球运转的球体，也明白月光来自反射的太阳光。

　　意大利科学家伽利略在1609年使用一个简单的望远镜对月球首次开展了科学研究。1959年以后，苏联和美国发射了一批无人探测器详细探测月球，他们最终的目标是将人安全降落在月球表面。1969年7月20日，美国的"阿波罗11号"登月舱降落在月球上，宇航员尼尔·A.阿姆斯特朗成为首位踏足月球的人。从那以后，美国、中国、日本、印度和欧洲的航天机构已发射多个月球探测器，绘制了月球表面的地图。

月球地图，展示了引力较强的山脉和其他高地（红色）以及引力较小的低洼区域（蓝色）。数据来源是两个同样的"重力回溯和内部结构实验室"探测器。

陨击坑

Impact crater

陨击坑是当陨石撞击行星、卫星或太空中其他固态天体时在其表面形成的洞。陨石是来自外太空的一块石头或金属，通常来自小行星或彗星。当这类天体在太空中飞行时，被称为流星体。一旦它着陆，就称为陨石。特别大的陨击坑通常称为冲击盆地。

陨石撞击以冲击波的形式释放出巨大的能量。冲击波是从撞击处向远处传播的能量波。冲击波沿着地面前进，直到它们的能量耗尽。在传播中，它们会将撞击点的物质推开，形成陨击坑。冲击波迫使其中一些物质向上和向外分布，形成陨击坑壁。这种撞击还将一些物质抛向空中，这些物质在陨击坑周围沉淀下来，形成一层喷出物。

亚利桑那州巴林格陨击坑是一个很受欢迎的旅游景点。陨击坑宽度大约1275米。

小型陨击坑通常是碗状的，较大的陨击坑和盆地往往具有更平坦的底部和更复杂的地貌特征。在大型撞击之后，陨击坑的中心可以反弹回来，产生一个中央峰。陡峭的坑壁会在重力作用下坍塌，形成层状台地。

太阳系中行星、卫星和其他天体表面分布着各种尺度的陨击坑。木卫四是木星的一颗大卫星，是太阳系中陨击坑最多的天体之一。事实上，它的表面几乎完全被陨击坑覆盖。我们的月球大部分表面也分布着陨击坑。

火星上的一些陨击坑有不寻常的喷出物沉积，这些沉积物类似于已经变成固体的泥石流。这种外观表明撞击体可能遇到了地下水或冰。水星有许多非常深的陨击坑，因为它没有足够的大气层，无法通过摩擦使流星体烧毁。

金星上的陨击坑数量比月球、火星和水星上少得多。这一事实表明，金星目前的表面存在还不到10亿年。这以及其他证据加在一起能够证明，金星上仍然存在着火山活动。

尽管每天有数百万个流星体接近地球，但地球上的陨击坑并不多。因为这些流星体大多数为鹅卵石大小，它们在大气中已被烧毁。此外,地球上大多数许多年之前的陨击坑已被水或风严重侵蚀。当地球表面发生变化时,许多陨击坑就被岩石和泥土掩埋了。

在地球上发现了120多个陨击坑和盆地。其中最著名的是美国亚利桑那州巴林格陨击坑。它大约1275米宽,175米深。它形成于大约5万年前,当时一颗重达300000吨的铁陨石撞上了地球。

最大的埋藏陨击坑之一是位于墨西哥尤卡坦半岛的奇克苏鲁布陨击坑,其直径约为180千米。通过钻探陨击坑获得的岩石样本表明,6500万年前,一颗小行星或彗星袭击了地球。许多科学家认为,这次撞击造成的气候变化导致包括恐龙在内的许多生命形式的大灭绝。

天文学家研究陨击坑是想更多地了解天体的表面。天体表面上的陨击坑数量让天文学家了解了地表的年龄,陨击坑的深度和形状为科学家提供了关于构成行星或其他天体表面物质成分的线索。

延伸阅读: 木卫四;土卫八;火星;水星;流星和陨石;月球;金星。

一个宽度大约450千米的巨大陨击坑覆盖了土卫三大部分表面。

灶神星

Vesta

灶神星在小行星带里大小排名第三。小行星是比行星要小、在轨道上绕太阳运行的岩石或金属天体。小行星带位于火星和木星轨道之间，其中可能有数百万颗小行星。小行星带里只有谷神星和智神星体积比灶神星大。灶神星的质量位居所有小行星的第二位，仅次于谷神星。灶神星直径约530千米。灶神星每3.63个地球年绕太阳一周，与太阳平均距离约3.53亿千米。

美国国家航空和航天局于2007年发射了黎明号宇宙飞船，前往探索灶神星和谷神星。这艘飞船于2011年进入灶神星轨道。2012年，黎明号的科学家发现灶神星与他们所知的任何其他小行星都不同。灶神星具有与地球和月球相似的内部分层结构，而其他小行星通常由内而外都是由相同的物质组成的。就像地球和月球一样，灶神星有岩石外壳、地幔和铁核。这种结构表明灶神星是近50亿年前太阳系形成早期时遗留下来的。科学家们认为灶神星没有变得更大可能是因为最大的行星——木星引力的影响。

灶神星南极附近的一个宽阔盆地占据了它大部分的表面，这个盆地可能是由撞击造成的。该盆地直径约460千米，深约13千米。科学家认为，经过强烈的撞击，该盆地暴露出灶神星内部更深的地层。小行星带上位于灶神星附近许多较小的小行星可能是这次撞击的残余物。这些小行星轨迹的形状表明，其中一些残骸可能飞向了地球。事实上，科学家确认过一些陨石——小行星或彗星坠落地球的残余——可能来自灶神星。

德国天文学家海因里希·威廉·奥伯斯于1807年发现了灶神星。这颗小行星是以罗马持家女神维斯塔的名字命名的。灶神星是唯一可以从地球上用肉眼看到的小行星带天体，不过，夜空必须要黑暗，而且观察者必须知道它在夜空中的位置。

延伸阅读： 小行星；谷神星；黎明号；小行星带。

灶神星是小行星带中第三大的小行星。

詹姆斯·韦伯太空望远镜

James Webb Space Telescope

詹姆斯·韦伯太空望远镜,简称JWST,是一架即将被发射入轨的太空望远镜,它将取代哈勃太空望远镜的某些功能。JWST本来预计在2018年发射,但现已推迟至2021年。其主镜直径6.5米,是哈勃望远镜主镜的7倍。JWST被设计用来研究红外光。这类波长的光无法用肉眼看到,但能以热量的形式被感受到。因此,JWST不会取代哈勃望远镜在可见光波段上的功能。

JWST将使科学家能够研究宇宙的历史,且几乎能够一直追溯到大爆炸时代。这个望远镜将搜集大爆炸之后形成的第一批恒星和星系的信息,也将帮助天文学家研究恒星及其周围的行星的形成过程,以及太阳系中的行星演化。

JWST将在距离地球150万千米的轨道上运行,预计将连续观天十年之久。在此期间,它将成为世界上最重要的空间天文台,由全世界的数千名天文学家共同使用。

JWST由美国国家航空和航天局、欧洲空间局和加拿大航天局共同建造。目前正在操纵哈勃望远镜的空间望远镜科学研究所将在JWST发射入轨后负责它的运行。

这个望远镜用推动和执行阿波罗计划的美国国家航空和航天局局长詹姆斯·韦伯的名字命名。阿波罗计划是美国将人送上月球的太空计划。

延伸阅读: 哈勃太空望远镜;人造卫星。

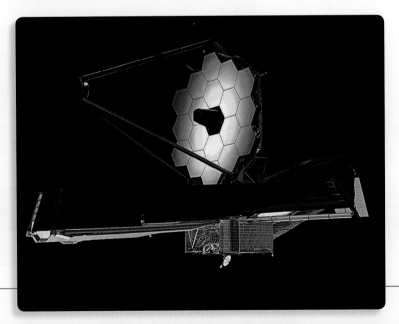

詹姆斯·韦伯太空望远镜

占星术

Astrology

占星术是认为太阳、月亮、恒星和行星能影响人们生活的一种伪科学。世界上有许多人相信占星术，也有人认为占星术只是一种娱乐形式。大多数科学家认为，没有任何科学理由可以证明占星术能提供关于一个人的性格或未来的真实信息。

占星术基于这样一种想法，即认为天体的位置可以影响一个人的生活。占星术士通过绘制被称为星宫图或命盘的一种圆形图来研究这些位置。星宫图就像是有关天空的一个表格或一张图片，它显示了在某个时刻日月行星相对于地球和恒星的位置。在占星术中，月亮、冥王星还有太阳都被称为行星，就跟水星、金星、火星、木星、土星、天王星和海王星一样。每个行星都代表着一种以某种方式影响人们的力量。

黄道带对于相信占星术的人们来说具有特殊的意义。黄道带看上去像是围绕地球的一条恒星带，它被分为12部分，称为黄道十二宫。占星术士们认为每个人都受到黄道十二宫里某个特定星宫的特殊影响，这个星宫俗称为生日星座，具体星座则取决于那个人的出生日期。

延伸阅读： 月球；行星；太阳；黄道带。

占星术士们经常使用星宫图和塔罗牌来试图确定一个人的未来。

张福林

Chang-Díaz, Franklin

张福林（1950—　）是一位美国宇航员。他是第一位在太空飞行的拉美裔美国人，他有四分之一的华人血统。他从1986年至2002年间执行了7次美国国家航空和航天局的航天飞机飞行任务。

他从小就想成为一名宇航员。1968年，他移居到美国追求他的梦想。张福林跟亲戚居住在康涅狄格州哈特福德市。1973年，他在康涅狄格大学获得机械工程学士学位。

张福林1977年在美国马萨诸塞理工学院获得应用等离子体物理学博士学位，同年他成为了美国公民。张福林在1980年加入宇航员计划。从1993年到2005年，他在休斯敦约翰逊航天中心担任先进太空推进实验室主任。后来他从美国国家航空和航天局退休，并开办了自己的火箭发动机公司。

延伸阅读：宇航员；太空探索。

张福林

中国国家航天局

China National Space Administration

中国国家航天局是中华人民共和国主管太空飞行的政府机构，该机构负责空间技术的发展和应用。它已经执行了很多次发射任务。在中国的太空计划中，宇航员被称为航天员。

该机构成立于1993年，不过，中国从20世纪50年代就有了太空计划。1970年4月，中国用长征1号运载火箭把第一颗卫星送入了太空。20世纪80年代，中国发展出了引人注目的太空技术，包括液氢发动机、强大的长征系列火箭和返回式卫星。目前，中国有4个卫星发射中心，分别位于甘肃酒泉、四川西昌、山西太原和海南文昌。

2013年6月13日，中国的神舟10号飞船与天宫1号空间站对接。

20世纪90年代，中国开始发展能够运载宇航员的神舟系列飞船。神舟飞船类似俄罗斯联盟号太空船。2003年10月，中国成为第三个把人送入太空的国家。中国航天员杨利伟乘坐神舟5号飞船进入轨道，绕地球飞行21小时，然后安全返回。2005年10月，神舟6号飞船把两名宇航员送入轨道，执行了为期5天的任务。2008年9月，神舟7号进行第三次载人飞行，两名宇航员进行了中国的第一次太空行走。

神舟9号在2012年6月18日与天宫1号微型站对接成功，执行了10天的任务。三名组员中包括中国的第一位女宇航员，34岁的刘洋，她是一位资深军事运输机驾驶员。在轨道上停留期间，刘洋进行了一些生命科学实验，还演练了一种中国古代体操——太极。

延伸阅读： 宇航员；太空探索；杨利伟。

中子星

Neutron star

中子星是已知的最小也最致密的恒星。这种致密的天体将其颗粒紧密地堆积在一起。中子星直径只有约20千米，但它们的质量差不多是太阳的3倍，而太阳的直径是远远大于中子星的。中子星不像地球上可以看见的恒星那样明亮地燃烧。

当一颗大质量恒星耗尽燃料时会形成一颗中子星。恒星强烈的引力导致其自身坍缩，引力又将恒星中心的粒子挤压在一起。此后，这颗恒星爆炸成了一颗超新星，只留下了它快速旋转的中心。那个中心就是一颗中子星。一些中子星旋转得非常快，它们每秒要绕自身转很多次。

科学家已经确定了几种不同的中子星。其中一种称为脉冲星，有两股能量射流，射向自身的两端。当它旋转时，其喷流有时会指向地球，就像灯塔旋转灯光一样。另一种类型的中子星称为磁星，有宇宙中最强的磁场。

延伸阅读： 引力；脉冲星；恒星；超新星。

磁星是一类罕见的脉冲星，其磁场强度比其他脉冲星强得多。

昼夜

Day and night

　　昼夜是由地球自转引起的时间跨度。我们通常会称太阳照射在地球上的那一部分时间为"白天"或"一天"。当地球这部分是黑暗的，或者远离太阳时，我们说这段时间是"夜晚"或"一夜"。但这夜晚实际上也是一整天的一部分。太阳日是以太阳为参照物时地球绕地轴旋转一圈的时间长度。地轴是一条假想的线，穿过地球的中心并连接两极点处。

　　现在我们定义每一天都从午夜开始。在大多数国家，一天分为两部分，每部分12小时。午夜到中午的时间是上午，从中午到午夜的时间是下午。上下午也常用英文缩写表示，a.m.代表"中午之前"，p.m.代表"中午之后"。

　　除了自转之外，地球在轨道上每年绕太阳公转一圈。这段行程为我们带来了季节。由于地轴的倾斜，每个季节里的日夜长度都不同。当北极倾向于太阳时，北半球是夏天，白天漫长，夜晚短暂。六个月后，地球移动到太阳的另一边，北极现在朝远离太阳的方向倾斜，北半球是白天短暂，夜晚漫长。南半球的季节与北半球相反。

　　延伸阅读：行星；太阳。

随着夜晚在我们这个星球表面从东向西移动，黑暗覆盖了美国的东部、加拿大的大部分地区以及南美的大部分地区。

500米口径球面射电望远镜

Five-hundred-meter Aperture Spherical radio Telescope (FAST)

　　"中国天眼"，即"500米口径球面射电望远镜"，是世界上最强大的射电望远镜。射电望远镜收集并测量太空天体发出的无线电波。该望远镜的天线建在中国南部贵州省的一个天然碗形山谷里。这架天线的直径为500米，由约4500个三角形面板组成。每个面板都可以重新定位，以改变望远镜的焦点从而跟踪天空中的目标。该天线于2016

年建成。

延伸阅读：阿雷西博天文台；天文台；望远镜。

中国贵州省的500米口径球面射电望远镜（FAST）采用了世界上最大的碟形天线。

SETI研究所

SETI Institute

SETI研究所是一个在太空中寻找生命的研究小组。SETI是"Search for Extra-Terrestrial Intelligence"的简写，意思是寻找地外智慧生命。但不管智慧与否，只要是地球以外的生命形式，该研究所的研究人员都会去寻找。该研究所位于加利福尼亚州山景城。SETI始于1984年。

SETI的研究涉及监测邻近的其他恒星，寻找地外生命以光或射电波的形式发出的信号。在20世纪90年代和21世纪初，科学家们使用能收集射电波的望远镜寻找来自数百颗恒星的信号。SETI与伯克利加利福尼亚大学共同建造了艾伦望远镜阵列。这是位于加利福尼亚的由350个射电望远镜组成的望远镜编组，被设计用于SETI对大约100万颗恒星进行的研究。

延伸阅读：艾伦望远镜阵列；地外智慧生命。

SpaceX公司

SpaceX

　　SpaceX是一家制造航天器和火箭的私营公司。在线支付服务PayPal的创始人埃隆·马斯克（Elon Musk）于2002年创立了这家公司。SpaceX的总部位于加利福尼亚州霍桑。该公司为美国国家航空和航天局、私人公司和个人执行飞行任务。它是第一家为国际空间站执行补给任务的私营公司。

　　该公司试图发射的第一枚火箭名为猎鹰1号。为用于飞行而研制的第二枚火箭是猎鹰9号。猎鹰9号的第一级可以在发射后降落在地球上，SpaceX可以为这一级注入燃料并将其重新发射，从而降低发射成本。猎鹰9号火箭可以携带名为"龙"的可重复使用的宇宙飞船。龙号宇宙飞船能够携带补给和货物进入轨道。

　　SpaceX公司于2020年5月成功试发可以载人的龙号宇宙飞船。该公司还在开发更大版本的火箭，以便携带更大的有效载荷，并飞得更远。

　　延伸阅读： 国际空间站；太空探索。

2012年5月25日，国际空间站的机械臂伸向SpaceX公司的龙号宇宙飞船。龙号成为第一个停靠在国际空间站的商业宇宙飞船。

XMM-牛顿卫星

XMM-Newton

　　XMM-牛顿是一座卫星天文台。它用X射线、可见光和紫外线研究宇宙。X射线是一种不可见的光，它比可见光拥有更多的能量。可见光是人类能看见的光的形式。紫外线是一种不可见的光，其能量高于可见光，但低于X射线。

　　XMM-牛顿卫星是为了纪念英国科学家艾萨克·牛顿而命名的。XMM是X射线多镜面任务（X-ray Multi-

Mirror mission）的缩写。XMM-牛顿
卫星使用三架X射线望远镜，每个都有
自己的镜面，用来收集X射线。该天文台
还携带了一架可见光望远镜和一架紫外
线望远镜。

　　欧洲空间局建造了这座天文台，于
1999年12月10日将它发射升空。从那时
起，天文学家就利用这个天文台观测各
种各样的物体，从太阳系里的彗星到遥
远的星系团。

　　XMM-牛顿卫星以一个高度接近
椭圆形的轨道绕地球运行。它的高度在
10000~110000千米之间，每48小时运
行一圈。

　　延伸阅读： 牛顿；天文台；人造卫星；太空探索。

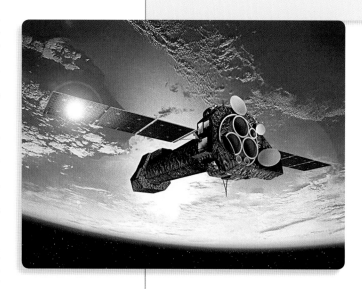

2012年，XMM-牛顿卫星首次发现
了来自太阳系外的低能宇宙射线（带
电、快速移动的粒子）。